"十三五"江苏省高等学校重点教材

（编号：2020-2-156）

职业本科教育机电类专业新形态一体化教材

单片机技术与应用

U0308547

戴娟　倪瑛　李朝林　主编

高等教育出版社·北京

内容简介

　　"单片机技术"课程是国内各高等院校自动化类、电子类专业的必修课程，同时也是大学生学习智能控制的入门基础。MCS-51 单片机是目前国内智能控制市场上应用最广泛的单片机（微处理器）之一，本教材以 MCS-51 单片机为教学主线、C 语言为编程语言基础展开教学。

　　本书内容涵盖了 MCS-51 单片机的常用理论知识与应用技能，结构合理，内容系统全面。根据编者多年的 MCS-51 单片机应用和教学经验，利用 Keil 和 Proteus 软件，详细介绍了单片机的基本概念、典型应用，并给出了设计、调试的思路和方法。

　　本书可作为职业本科院校的电子信息技术、通信技术、物联网应用技术和电气自动化技术等专业教材和参考书。预计完成全部内容的教学需要 72 课时。建议使用本教材的学习者应具有基本的 C 语言基础和数字电路基础。

图书在版编目（CIP）数据

　　单片机技术与应用／戴娟，倪瑛，李朝林主编 . --
北京：高等教育出版社，2022.8
　　ISBN 978-7-04-057969-7

　　Ⅰ.①单… Ⅱ.①戴… ②倪… ③李… Ⅲ.①单片微
型计算机-高等职业教育-教材 Ⅳ.①TP368.1

　　中国版本图书馆 CIP 数据核字（2022）第 019380 号

DANPIANJI JISHU YU YINGYONG

策划编辑	孙　薇	责任编辑	孙　薇	封面设计	张雨微	版式设计　杨　树
插图绘制	黄云燕	责任校对	窦丽娜	责任印制	存　怡	

出版发行	高等教育出版社	网　　址	http://www.hep.edu.cn
社　　址	北京市西城区德外大街 4 号		http://www.hep.com.cn
邮政编码	100120	网上订购	http://www.hepmall.com.cn
印　　刷	北京利丰雅高长城印刷有限公司		http://www.hepmall.com
开　　本	787 mm×1092 mm　1/16		http://www.hepmall.cn
印　　张	16.75		
字　　数	390 千字	版　　次	2022 年 8 月第 1 版
购书热线	010-58581118	印　　次	2022 年 8 月第 1 次印刷
咨询电话	400-810-0598	定　　价	35.00 元

    MCS-51 单片机（微处理器）是 Intel 公司于 1980 年推出的产品，是相当成功的单片机，经过 40 多年的应用与发展，Intel 公司开发了系列品种，一直到现在，该系列的单片机仍是市场应用的主流产品之一。采用 MCS-51 微处理器做智能控制的核心，目前已遍及工业控制、消费类电子市场、通信系统、无线通信等智能控制应用市场，设计的产品具有较高的性价比。

    本教材以 MCS-51 单片机为代表，基于 Keil 和 Proteus 软件，进行理论基础和典型应用的学习，全书由 9 个单元组成。单元 1 阐述单片机的概念、应用、发展；单元 2~7 针对单片机的知识点与技能点，详细阐述相关概念到典型应用，一个知识点、技能点与一个案例对应，从最基本的 I/O 口学起，逐步拓展到输入/输出的人机界面、中断、定时器、串行口、A/D 与 D/A 转换、并口扩展等；单元 8 介绍 Proteus 电路仿真的方法，并引入了国内市场性价比较高的 STC 单片机，介绍使用 STC 单片机的编制、下载方法，单元 8 在教学中建议不用专门开设，可以作为教学辅助资料；单元 9 详细介绍两个综合案例，并给出完整的电路与参考程序。

    本教材内容的安排依据单片机的知识技能关联结构，遵循学生认知的规律，从简单到综合，将 51 单片机的知识与技能点融入典型案例中，并在全部的案例中都包含了学习目的、Proteus 仿真电路、程序流程图、参考程序和习题等部分，方便教与学。

    为配合本教材的使用，作者提供了教学 PPT 和书籍里全部案例的 Proteus 仿真电路和执行文件，参考程序的源文件是书中的程序源 C 代码。

    在本教材的编写过程中，南京工业职业技术大学戴娟主要承担了教材的框架和全部案例的设计，南京工业职业技术大学倪瑛承担了教材的全部理论部分的撰写，江苏电子信息职业学院李朝林主要负责教材的结构设计。

    限于编者水平，书中疏漏难免，若有更好的案例和建议，恳请广大读者及时与我们沟通，诚挚感谢。

编者

2022.5

目 录

单元 1 简介

单元 2 单片机输入/输出（I/O）接口

单元 3   中断

单元 4   定时器/计数器

单元 1

简介

在高速发展的信息社会，单片机的应用得到设计开发人员的共识，以其为控制核心的产品广泛应用于工业自动化设备、自动检测设备、智能仪表、机电一体化设备、家用电器和军用设备中。本单元主要介绍单片机的概念、发展等基本情况。

> 重点：单片机发展状况与内部结构；
>
> 难点：单片机的内核结构。

1.1　单片机的概念

微型控制器（MCU，micro controller unit）又称单片微型计算机（简称单片机），是指将计算机的中央处理单元（CPU）、数据存储器（RAM）、指令存储器（ROM）、定时计数器和输入/输出（I/O）

> **教学课件：**
> 单片机概述

接口电路、中断控制器、模数转换器、数模转换器、调制解调器等部件集成在一片芯片上，形成芯片级的计算机，为不同的应用场合做不同组合控制。典型的单片机内部模块如图 1.1 所示。

MCS-51 系列单片机是指由 Intel 公司生产的一个系列单片机的总称，包括 8031、8051、8751、8032、8052、8752 等，其中 8051 是最早最典型的产品，该系列其他单

> **微课：**
> 单片机概念

片机都是在 8051 的基础上进行功能的增、减、改变而来的，所以人们习惯于用 8051 来称呼 MCS-51 系列单片机。8031 是前些年在我国最流行的单片机，所以在很多场合会看到。

Intel 公司将 MCS-51 的核心技术授权给了很多其他公司，所以有很多公司在生产以 8051 为核心的单片机。当然，为了满足不同的需求，功能上或多或少有些改变，其中 AT89C51 就是这几年在我国非常流行的单片机，它是由美国 Atmel 公司开发生产的。国内深圳市宏晶科技有限公司生产的具有独立知识产权的 STC 系列单片机，是功能与抗干扰性强的增强型 8051 单片机。

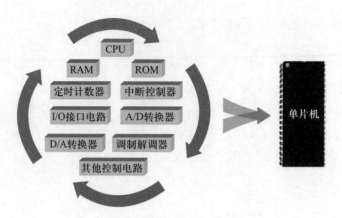

图 1.1　典型的单片机内部模块

本着单片机基本教学要求，本教材仍以 8051 为基本核心展开，若使用 51 内核的不同类型单片机，请参考单片机厂商提供的技术手册。

1.2　单片机的分类

单片机按其存储器类型可分为 MASK（掩模）ROM、OTP（一次性可编程）ROM、Flash（电改写）ROM 等类型。表 1.1 所示为不同 ROM 的单片机。

表 1.1　不同 ROM 的单片机

MASKROM 的 MCU	OTPROM 的 MCU	FlashROM 的 MCU	EPROM 的 MCU

MASKROM 的 MCU 价格便宜，但程序在出厂时已经固化，适用于程序固定不变的应用场合，通常封装上只有工厂的内部编码。

FlashROM 的 MCU 程序可以反复电擦写，灵活性很强，但价格较高，适用于对价格不敏感的应用场合或做开发用途。

OTPROM 的 MCU 价格介于前两者之间，同时又拥有一次性可编程能力，适用于既要求有一定的灵活性、又要求低成本的应用场合，尤其是功能不断翻新、需要迅速量产的电子产品。

另外，早期还有 EPROM 的 MCU，由于对其程序的改写需先用紫外光照射一段时间，擦除后才能重新编程，使用极其不便，基本上已淡出市场。

1.3　单片机的发展历程与应用

教学案例：
单片机密码锁

单片机诞生于 20 世纪 70 年代末，作为微型计算机的一个重要分支，应用面广、发展快，目前单片机已经有上百个系列近千个品种。

教学案例：
播放音乐

从单片机处理数据角度来看，历经了 4 位机、8 位机，到现在的 16 位机及 32 位机，甚至 64 位机，其中 8 位机已成为市场主流。表 1.2 总结了不同单片机的主要应用场合。

教学案例：
轰鸣器实验

教学课件：
多功能小车

表 1.2　不同单片机的主要应用场合

单片机位数	主要应用场合
4 位	计算器、车用仪表、车用防盗装置、呼叫器、无线电话、CD 播放器、LCD 驱动控制器、LCD 游戏机、儿童玩具、磅秤、充电器、胎压计、温湿度计、遥控器及傻瓜相机等
8 位	电表、电机控制器、电动玩具机、变频式冷气机、呼叫器、传真机、来电辨识器（Caller-ID）、电话录音机、CRT 显示器、键盘及 USB 等
16 位	行动电话、数字相机及摄录放影机等
32 位	Modem、GPS、PDA、HPC、STB、Hub、Bridge、Router、工作站、ISDN 电话、激光打印机与彩色传真机等
64 位	高阶工作站、多媒体互动系统、高级电视游乐器（如 SEGA 的 Dreamcast 及 Nintendo 的 GameBoy）及高级终端机等

单片机的发展历程大致分为 4 个阶段：

第一阶段（1974 年—1976 年）：单片机初级阶段；

第二阶段（1976 年—1978 年）：低性能单片机阶段，1976 年 Intel 公司推出 MCS-48 系列单片机（8 位）；

第三阶段（1978 年—1983 年）：高性能单片机阶段，Intel 公司在 MCS-48 系列单片机基础上推出 MCS-51 系列；

第四阶段（1983 年—现在）：8 位单片机巩固发展及 16 位单片机、32 位单片机推出阶段。

1.4　单片机的封装

如表 1.3 所示，常用的单片机封装有 DIP、QFP、SOP、PLCC。

表 1.3　常用单片机封装

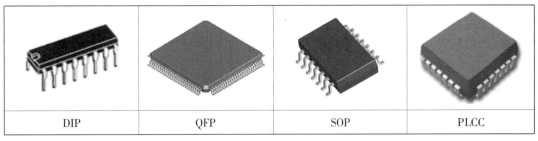

DIP	QFP	SOP	PLCC

其中：双列直插（DIP，dual inline package）是一种集成电路的封装方式，集成电路的外形为长方形，在其两侧则有两排平行的金属引脚，称为排针。DIP 包装的元器件可以焊接在印制电路板电镀的贯穿孔中，或是插在 DIP 插座（socket）上。DIP 包装的元件一般会简称为 DIPn，其中 n 是引脚的个数。

方型扁平式封装（QFP，quad flat package）技术实现的 CPU 芯片引脚之间距离很小，引脚很细，一般大规模或超大规模集成电路采用这种封装形式，其引脚数一般都在 100 以上。该技术封装 CPU 时操作方便，可靠性高；而且其封装外形尺寸较小，寄生参数较小，适合高频应用；该技术主要适用于 SMT 在 PCB 上安装布线。

小外形封装（SOP，small out-line package）是一种很常见的元器件封装形式，是表面贴装型封装之一，引脚从封装两侧引出呈海鸥翼状（L 形）。材料有塑料和陶瓷两种，始于 20 世纪 70 年代末期。

带引线的塑料芯片载体（PLCC，plastic leaded chip carrier）也是表面贴装型封装之一，外形呈正方形，引脚从封装的四个侧面引出，呈丁字形，是塑料制品，外形尺寸比 DIP 封装小得多。PLCC 封装适用于 SMT 在 PCB 上安装布线，具有外形尺寸小、可靠性高的优点。

🔗 动画：
修改单片机流向

1.5 MCS-51 单片机内部功能模块

单片机的三大核心部件分别为 CPU、内部存储器和输入/输出设备。图 1.2 所示为 MCS-51 单片机内部功能模块示意图，可以看出是由中央处理器（CPU）、输入/输出（I/O）接口电路、定时器/计数器、中断系统、振荡器、数据存储器（RAM）与程序存储器（ROM）等若干部件组成，再配置一定的外围电路，如时钟电路、复位电路等，即可构成一个基本的微型计算机系统。

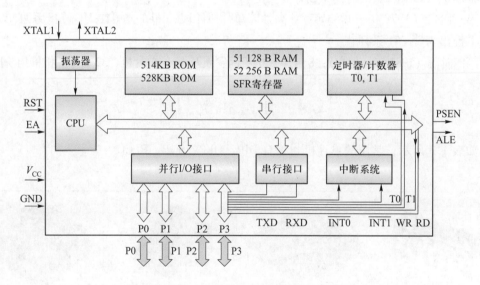

图 1.2　MCS-51 单片机内部功能模块示意图

1.5.1 中央处理器

中央处理器（CPU，central processing unit）是一台计算机的运算核心和控制核心，就好像是城市控制中心，负责按照法规监控整个城市的全部动作运行。

中央处理器由运算器（ALU）、布尔控制器、专用寄存器和总线等组合在一起，完成运算和控制功能。MCS-51 单片机的 CPU 能处理 8 位二进制数或代码，故称为 8 位机。

在 CPU 中包含的专用寄存器有：累加器 A、寄存器 B、程序状态寄存器 PSW、堆栈指针 SP、数据指针 DPTR。

1.5.2 存储器

存储器就像是一个仓库，存储各种信息。在计算机系统中有两大类型存储器：数据存储器（RAM）和程序存储器（ROM）。

51 单片机内部的存储器在物理上可分为 4 个区域：片内 ROM、片外 ROM、片内 RAM 和片外 RAM。RAM 区统称 data 类型，包含 bdata 片内位寻址区（16 B，128 b），idata 片内数据存储器（256 B），xdata 片外数据存储器（2^{16} 字节，64 KB），pdata 片外数据存储器（256 B）；ROM 区统称 code 类型，不分片内片外，共 64 KB。

51 单片机内部的存储器从逻辑上可分为 3 个区域，64 KB 片内外统一编址的程序存储器（ROM），128 B 或 256 B 的片内数据存储器（RAM），64 KB 片外数据存储器（RAM）。

MCS-51 单片机内部存储器采用的是哈佛结构，即数据存储器与程序存储器分离的结构，可以通过不同指令分别进行访问，下面介绍它们的结构特点。

（1）RAM

MCS-51 单片机中共有 256 个内部 RAM 单元，其中 51 系列的后 128 个单元（0x80~0xFF）被专用寄存器占用，能作为存储器供用户使用的只有前 128 个单元（0x00~0x7F），用于存储可读写的数据，如图 1.3 所示。52 系列的后 128 个单元在物理空间上被分为两块：一块（128 B）被专用寄存器占用，另一块（128 B）提供给用户可以间接寻址使用。通常所说的内部数据存储器就是指前 128 个单元，简称内部 RAM。

【工作寄存器区（0x0~0x1F）】：

也称为通用寄存器，该区域共有 4 组寄存器，每组由 8 个寄存单元组成，每个单元 8 位，各组均以 R0~R7 作寄存器编号，共 32 个单元，单元地址为 0x00~0x1F。

在任意时刻，CPU 只能使用其中一组通用寄存器，称为当前通用寄存器组，具体可由程序状态寄存器 PSW 中 RS1、RS0 位的状态组合来确定。在 C 语言编程中通常程序可通过 using 0~3 确定使用第几组寄存器区。多组工作寄存器的应用带来多个资源区域，可以提高 CPU 的运行效率。

【位寻址区（0x20~0x2F）】：

内部 RAM 的 0x20~0x2F，共 16 个单元，计 16×8 = 128 位，位地址为 0x00~0x7F。位寻址区既可作为一般的 RAM 区进行字节操作，也可对单元的每一位进行位操作，因此称为位寻址区，是存储空间的一部分。在 Keil 编译器里定义 bdata 类型的变量，一般都是指这个区存放的。表 1.4 列出了位寻址区的位地址。

教学课件：
数据块搬运

动画：
RAM 存储器

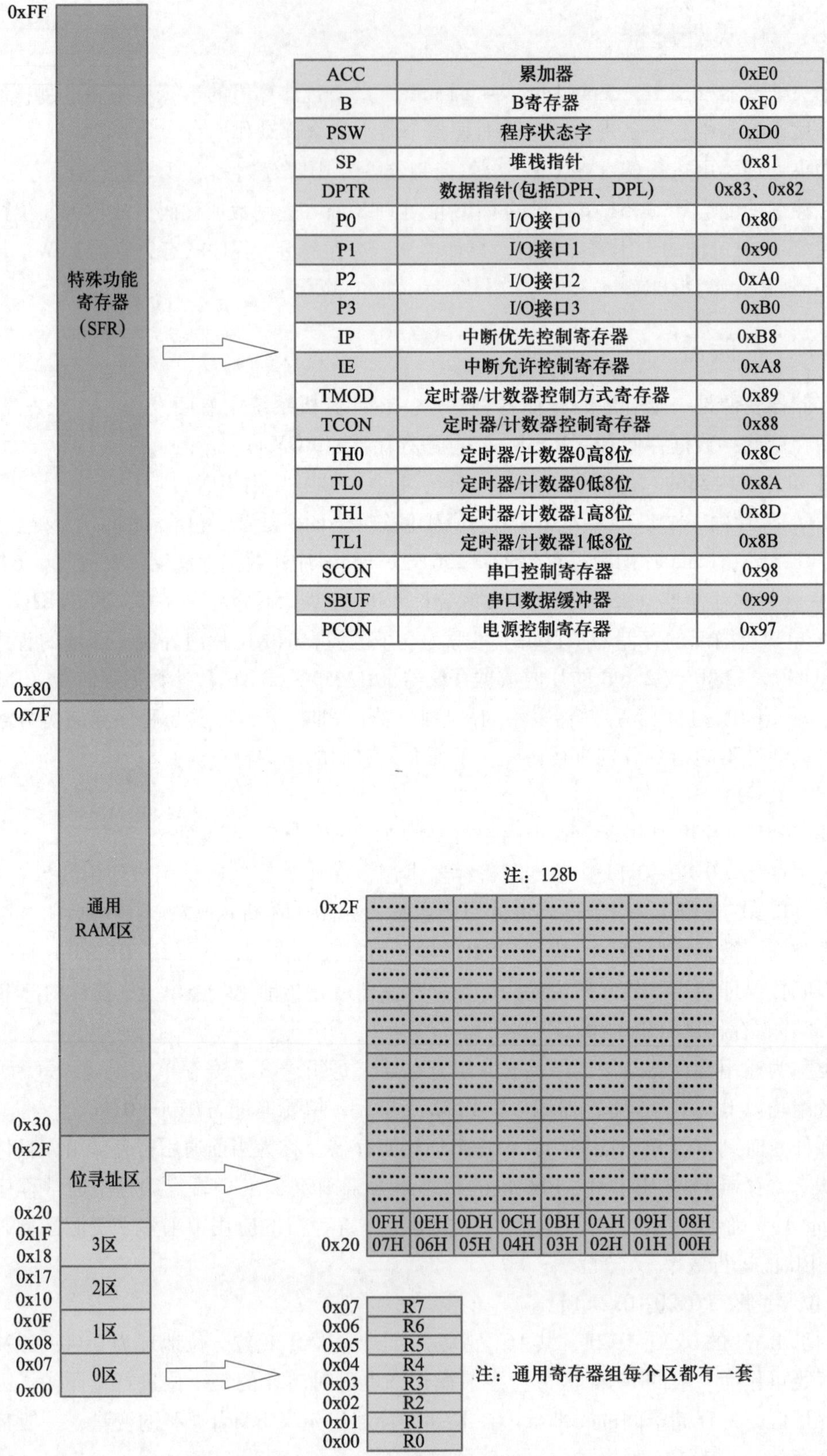

0xFF

特殊功能
寄存器
（SFR）

0x80
0x7F

通用
RAM区

0x30
0x2F

位寻址区

0x20
0x1F
0x18 　3区
0x17
0x10 　2区
0x0F
0x08 　1区
0x07
0x00 　0区

ACC	累加器	0xE0
B	B寄存器	0xF0
PSW	程序状态字	0xD0
SP	堆栈指针	0x81
DPTR	数据指针(包括DPH、DPL)	0x83、0x82
P0	I/O接口0	0x80
P1	I/O接口1	0x90
P2	I/O接口2	0xA0
P3	I/O接口3	0xB0
IP	中断优先控制寄存器	0xB8
IE	中断允许控制寄存器	0xA8
TMOD	定时器/计数器控制方式寄存器	0x89
TCON	定时器/计数器控制寄存器	0x88
TH0	定时器/计数器0高8位	0x8C
TL0	定时器/计数器0低8位	0x8A
TH1	定时器/计数器1高8位	0x8D
TL1	定时器/计数器1低8位	0x8B
SCON	串口控制寄存器	0x98
SBUF	串口数据缓冲器	0x99
PCON	电源控制寄存器	0x97

注：128b

0x2F

0FH	0EH	0DH	0CH	0BH	0AH	09H	08H
0x20 | 07H | 06H | 05H | 04H | 03H | 02H | 01H | 00H |

0x07	R7
0x06	R6
0x05	R5
0x04	R4
0x03	R3
0x02	R2
0x01	R1
0x00	R0

注：通用寄存器组每个区都有一套

图 1.3　内部 RAM 结构

表 1.4　位寻址区的位地址

内部 RAM 单元地址	位 地 址							
0x2F	0x7F	0x7E	0x7D	0x7C	0x7B	0x7A	0x79	0x78
0x2E	0x77	0x76	0x75	0x74	0x73	0x72	0x71	0x70
0x2D	0x6F	0x6E	0x6D	0x6C	0x6B	0x6A	0x69	0x68
0x2C	0x67	0x66	0x65	0x64	0x63	0x62	0x61	0x60
0x2B	0x5F	0x5E	0x5D	0x5C	0x5B	0x5A	0x59	0x58
0x2A	0x57	0x56	0x55	0x54	0x53	0x52	0x51	0x50
0x29	0x4F	0x4E	0x4D	v4C	0x4B	0x4A	0x49	0x48
0x28	0x47	0x46	0x45	0x44	0x43	0x42	0x41	0x40
0x27	0x3F	0x3E	0x3D	0x3C	0x3B	0x3A	0x39	0x38
0x26	0x37	0x36	0x35	0x34	0x33	0x32	0x31	0x30
0x25	0x2F	0x2E	0x2D	0x2C	0x2B	0x2A	0x29	0x28
0x24	0x27	0x26	0x25	0x24	0x23	0x22	0x21	0x20
0x23	0x1F	0x1E	0x1D	0x1C	0x1B	0x1A	0x19	0x18
0x22	0x17	0x16	0x15	0x14	0x13	0x12	0x11	0x10
0x21	0x0F	0x0E	0x0D	0x0C	0x0B	0x0A	0x09	0x08
0x20	0x07	0x06	0x05	0x04	0x03	0x02	0x01	0x00

【用户 RAM 区（0x30~0x7F）】：

所剩 80 个单元即为用户 RAM 区，单元地址为 0x30~0x7F，在一般应用中把堆栈设置在该区域中。堆栈区的设定是考虑保护程序断点地址和保护现场数据。

动画：
堆栈

【内部 RAM 高 128 个单元（0x80~0xFF）】：

内部 RAM 的高 128 个单元给专用寄存器使用，称为专用寄存器区，也称为特殊功能寄存器（SFR）区，单元地址为 0x80~0xFF。MCS-51 单片机共有 22 个专用寄存器，其中程序计数器（PC）在物理上是独立的，没有地址，故不可寻址，它不属于内部 RAM 的 SFR 区。其余的 21 个专用寄存器都属于内部 RAM 的 SFR 区，是可寻址的，它们的单元地址离散地分布于 0x80~0xFF。表 1.5 为 21 个专用寄存器一览表。

表 1.5　MCS-51 专用寄存器一览表

寄存器符号	地　址	寄存器名称
• ACC	0xE0	累加器
• B	0xF0	B 寄存器
• PSW	0xD0	程序状态字
SP	0x81	堆栈指针

续表

寄存器符号	地 址	寄存器名称
DPL	0x82	数据指针低 8 位
DPH	0x83	数据指针高 8 位
• IE	0xA8	中断允许控制寄存器
• IP	0xB8	中断优先控制寄存器
• P0	0x80	I/O 接口 0
• P1	0x90	I/O 接口 1
• P2	0xA0	I/O 接口 2
• P3	0xB0	I/O 接口 3
PCON	0x87	电源控制寄存器
• SCON	0x98	串口控制寄存器
SBUF	0x99	串口数据缓冲寄存器
• TCON	0x88	定时器/计数器控制寄存器
TMOD	0x89	定时器/计数器控制方式寄存器
TL0	0x8A	定时器/计数器 0 低 8 位
TL1	0x8B	定时器/计数器 1 低 8 位
TH0	0x8C	定时器/计数器 0 高 8 位
TH1	0x8D	定时器/计数器 1 高 8 位

注：带"●"专用寄存器表示可以位操作，它们单元地址的尾数是 0 或 8。

（2）ROM

51 系列的单片机内共有 4 KB ROM（52 系列为 8 KB），通常用于存放程序、原始数据、表格等。大多数 51 系列单片机内部都配置一定数量的程序存储器（ROM），如 8051 芯片内有 4 KB ROM 存储单元，8052 芯片内有 8 KB ROM。对于 51 系列芯片内部配置了 4 KB FlashROM，它们的地址范围均为 0x0 ~ 0xFFF。对于 52 系列芯片内部配置了 8 KB FlashROM，它们的地址范围均为 0x0~0x1FFF。无论 51 或 52 系列单片机内部程序存储器都有一些特殊单元，使用时要注意。系统复位后，程序指针 PC = 0x0，单片机从 0x0 单元开始执行程序。

在程序存储器中有各个中断源的入口向量地址，分配如下：

0x03：外部中断 0 中断地址

0x0B：定时器/计数器 0 中断地址

0x13：外部中断 1 中断地址

0x1B：定时器/计数器 1 中断地址

0x23：串行中断地址

1.5.3　输入/输出接口

输入/输出接口就像是汽车通道，允许数据的进和出。MCS-51 单片机中一般有 4 个 8 位 I/O（P0、P1、P2、P3）接口，均可以实现引脚的位操作和 8 位数据的并行输入/输出。

P0 口是一个具有第二功能的输入/输出接口，既具备低 8 位地址与数据的复用，又可以做普通输入/输出接口，是一个完全双向口。如果作普通的 I/O 接口使用时，既可以按位处理也可以作 8 位并口，需外接上拉电阻，阻值在 5~10 kΩ，可以驱动 8 个 TTL 接口。

P1 口除 52 系列的有第二功能外，一般都是作普通的 I/O 接口使用，是一个准双向口，既可以按位处理也可以作 8 位并口，由于芯片内部有上拉电阻，所以不需要外接上拉电阻，可以驱动 4 个 TTL 接口。

P2 口除具备高 8 位地址功能外，还可以作普通的 I/O 接口使用，是一个准双向口，既可以按位处理也可以作 8 位并口，由于芯片内部有上拉电阻，所以不需要外接上拉电阻，可以驱动 4 个 TTL 接口。

P3 口是一个具有第二功能的输入/输出接口，除具备中断等控制信号功能外，还可以作普通的 I/O 口使用，是一个准双向口，既可以按位处理也可以作 8 位并口，由于芯片内部有上拉电阻，所以不需要外接上拉电阻，可以驱动 4 个 TTL 接口。

注：准双向口，是指不完全双向数据传输口。当接口由输出转输入时，需要先写"1"，否则读入的数据不准确；而由输入转输出时，可以直接操作。

单片机的所有输入/输出接口均可以单独处理，也可以并行处理。要注意，由于是数字逻辑结构，作为输入时不可以悬空，输出可以悬空；但不是 OC（open C）门电路结构，输出不能被强拉电平（包括不能和同时输出的引脚相连）。

1.5.4　中断系统

中断系统是单片机处理突发事件最佳控制系统，中断处理可以提高单片机的工作效率，实时处理一些突发事件，体现了智能控制技术。MCS-51 系列中的 51 单片机具备 5 个中断源，52 单片机具备 6 个中断源。中断编程会在单元 3 中详细描述。

🔗 动画：
中断

（1）中断定义

当单片机执行正常程序时，系统中出现某些急需处理的异常情况和特殊请求（如定时/计数器溢出、被监视电平突变等），这时 CPU 暂时中断现行程序，转去处理发生的事件，处理完成后，CPU 自动返回到原来被中断的地方，执行原来的程序，这一过程称为中断。

（2）中断名词

中断源：引起中断的设备或事件。

中断请求：中断是由中断源向 CPU 发出中断申请开始的，有效中断请求信号应一直保持到 CPU 做出响应为止。

中断响应：CPU 接收中断申请而暂停现行程序的执行，转去为服务对象服务，为服务对象服务的程序称为中断服务函数（也称中断处理程序）。

（3）中断应用

在动力检测控制、自动驾驶系统、通信系统、运行监视器（黑匣子）、感觉系统、行走系统、擒拿系统、数据采集系统、远程监控系统、智能家居、傻瓜相机、全自动洗衣机、电磁炉等设计中都充分体现其技术。

1.5.5　MCS-51 常见单片机片内资源

MCS-51 单片机常用的有 51 和 52 系列，不同的命名方式代表了内部 ROM 和资源的不同，资源与型号的对应关系见表 1.6。

表 1.6　呈现出相应的资源与型号的对应关系

	型号	片内 ROM	片内 RAM	I/O 口线	中断源	定时器/计数器
基本型	8031	无	128 B	32 b	5 个	2 个
	8051	4 KB	128 B	32 b	5 个	2 个
	8751	4 KB EPROM	128 B	32 b	5 个	2 个
	8951	4 KB EEPROM	128 B	32 b	5 个	2 个
增强型	8032	无	256 B	32 b	6 个	3 个
	8052	4 KB	256 B	32 b	6 个	3 个
	8752	4 KB EPROM	256 B	32 b	6 个	3 个
	8952	4 KB EEPROM	256 B	32 b	6 个	3 个

1.6　单片机的特点与发展趋势

1.6.1　单片机的特点

单片机是集成电路技术与微型计算机技术高速发展的产物。体积小、价格低、应用方便、稳定可靠，因此，给工业自动化等领域带来了一场重大革命和技术进步。

由于体积小，单片机很容易嵌入系统之中，以实现各种方式的检测、计算或控制，这一点，一般微机根本做不到。

由于单片机本身就是一个微型计算机，因此只要在单片机的外部适当增加一些必要的外围扩展电路，就可以灵活构成各种应用系统，如工业自动检测监视系统、数据采集系统、自动控制系统、智能仪器仪表等。

单片机问世前，制作一套测控系统，需要大量的模拟电路、数字电路、分立元件，以实现计算、判断和控制功能。这种系统体积庞大，线路复杂，连接点多，易出故障。单片机出现后，绝大部分测控功能由单片机软件程序实现，其他电子线路则由片内外围功能部件替代。

单片机系统具有以下优点：

① 简单方便，易普及。单片机技术是易掌握技术。应用系统设计、组装、调试已经是一件容易的事情，工程技术人员通过学习可快速掌握其应用设计技术。

② 功能齐全，应用可靠，抗干扰能力强。

③ 发展迅速，前景广阔。短短几十年，单片机经过 4 位机、8 位机、16 位机、32 位机等几大发展阶段。集成度高、功能日臻完善的单片机不断问世，使单片机在工业控制及工业自动化领域获得长足发展和大量应用。

④ 嵌入容易，用途广泛，体积小、性/价比高，应用灵活性强，这些特点使得单片机在嵌入式微控制系统中具有十分重要的地位。

1.6.2 单片机的发展趋势

单片机将向大容量、高性能化、外围电路内装化等方面发展。为满足不同用户要求，各公司竞相推出能满足不同需要的产品。

（1）CPU 的改进

① 增加 CPU 数据总线宽度。例如，各种 16 位单片机和 32 位单片机，数据处理能力要优于 8 位单片机。另外，8 位单片机内部采用 16 位数据总线，其数据处理能力明显优于一般 8 位单片机。

② 采用双 CPU 结构，以提高数据处理能力。

（2）存储器的发展

① 片内程序存储器普遍采用闪存。可不用外扩展程序存储器，简化系统结构。

② 加大存储容量。目前有的单片机片内程序存储器容量可达 128 KB 甚至更多。

（3）片内 I/O 的改进

① 增加并行口驱动能力，以减少外部驱动芯片。有的单片机可直接输出大电流和高电压，以便能直接驱动 LED 和 VFD（荧光显示器）。

② 有些单片机设置了一些特殊的串行 I/O 功能，为构成分布式、网络化系统提供方便。

（4）低功耗化

CMOS 化，功耗小，配置有等待状态、睡眠状态、关闭状态等工作方式。消耗电流仅在 μA 或 nA 量级，适用于电池供电的便携式、手持式的仪器仪表及其他消费类电子产品。

（5）外围电路内装化

众多外围电路全部装入片内，即系统的单片化是目前发展趋势之一。例如，美国 Cygnal 公司的 C8051F020 8 位单片机，内部采用流水线结构，大部分指令的完成时间为 1 或 2 个时钟周期，峰值处理能力为 25MIPS。片上集成有 8 路 A/D、两路 D/A、两路电压比较器、内置温度传感器、定时器、可编程数字交叉开关和 64 个通用 I/O 接口、电源监测等。

（6）编程及仿真的简单化

目前大多数单片机都支持在线编程，也称在系统编程（ISP，in system program），只需一条 ISP 并口下载线，就可把仿真调试通过的程序从 PC 写入单片机的 Flash 存储器内，省去编程器。某些机型还支持在线应用编程（IAP），可在线升级或销毁单片机应用程序，省去了仿真器。

（7）实时操作系统的使用

单片机可配置实时操作系统 RTX51。

RTX51 是一个针对 8051 单片机的多任务内核。从本质上简化对实时事件反应速度要求较高的复杂应用系统设计、编程和调试，已完全集成到 C51 编译器中，使用简单方便。

综上所述，单片机正在向多功能、高性能、高速度（时钟达 40 MHz）、低电压（2.7 V 即可工作）、低功耗、低价格（几元钱）、外围电路内装化以及片内程序存储器和数据存储器容量不断增大的方向发展。

习题

教学视频：
1. 单片机技术与项目完成

2. 教学评价

3. 教学与实践

4. 阶段小结

1.1　什么叫单片机？

1.2　请说明单片机的主要模块组成。

1.3　请根据中断定义，举例、分析生活中的中断实例。

1.4　单片机应用在哪些领域？

1.5　8051 单片机内部包含哪些主要逻辑功能部件？

1.6　片内数据存储器分为哪几个性质和用途不同的区域？

单元 2

单片机输入 / 输出（I/O）接口

单片机的应用是指用程序来控制硬件，掌握 MCS-51 单片机片内硬件的基本结构和特点才能用好单片机。本单元主要介绍单片机与各种常用显示器件、键盘的接口设计与软件编程。

> 重点：最小系统结构与作用；输入/输出接口函数编制与调试；
>
> 难点：程序的编写；行列键盘程序的理解。

2.1 MCS-51 单片机引脚及功能

最常用的 DIP40（双列直插式）51 单片机的引脚共 40 个，如图 2.1 所示。

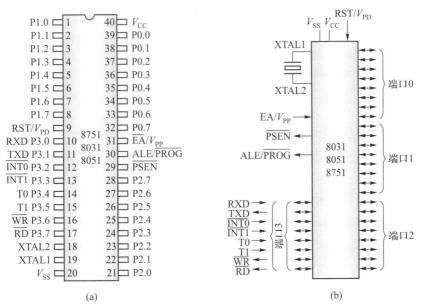

图 2.1 MCS-51 单片机引脚及功能

2.1.1 主电源及外部振荡源输入引脚

（1）主电源引脚

- V_{CC}（40 脚）：电源，正常操作时接+5 V 电源。

- V_{SS}（20 脚）：地线。

（2）外部振荡源输入引脚

8051 的时钟有两种方式：一种是片内时钟振荡方式，需要在这两个引脚之间接石英晶体和辅助起振电容（一般取 10~30 pF）；另一种是外部时钟方式，即将 XTAL1 接地，外部时钟信号从 XTAL2 脚引入。

- XTAL1（19 脚）：片内振荡器反相放大器和时钟振荡器电路的输入端，若用内部时钟振荡方式则接外部晶振的一个引脚。

- XTAL2（18 脚）：片内振荡器反相放大器的输出端，若用内部时钟振荡方式则接外部晶振的一个引脚。

2.1.2　并行输入/输出引脚

（1）P0 口

P0.0~P0.7（32~39 脚）：8 位漏极开路的三态（高电平、低电平、高阻）双向输入/输出接口，具有地址和数据传输功能，可以驱动 8 个 TTL 管。P0 口 8 位中的一位 P0.x 口结构示意图如图 2.2 所示，其他 7 位结构是由与其相同的电路组成。

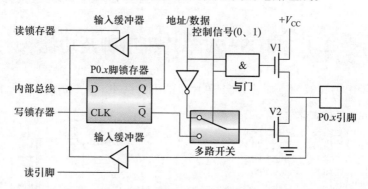

图 2.2　P0.x 口结构示意图

P0 口由脚锁存器、输入缓冲器、多路开关、一个非门、一个与门及场效应管驱动电路构成。P0 口是功能最强的口，可作为一般的 I/O 接口使用，也可作为数据线、地址线分时复用使用。当 P0 口作为一般的 I/O 接口输出时，由于端口各端线输出电路是漏极开路电路，必须外接上拉电阻才能有高电平输出。当 P0 口作为一般的 I/O 接口，由输出转输入时，必须使电路中的锁存器写入高电平“1”，使场效应管 FET 截止，以避免锁存器为“0”状态时对引脚输入的干扰，使 P0.x 口状态始终为“0”；当 P0 口作为数据线、地址线分时复用使用时，P0 口是总线口，分时出现数据 D0~D7、低 8 位地址 A0~A7，以及三态，用来接口存储器、外部电路与外部设备，体现是一个真正完全双向的并口。

（2）P1 口

P1.0~P1.7（1~8 脚）：8 位带有内部上拉电阻的准双向输入/输出接口，可以驱动 4 个 TTL 管。对于 52 系列单片机该端口有变异功能。P1 口 8 位中的一位 P1.x 口结构示意图如图 2.3 所示，其他 7 位结构是由与其相同的电路组成。

P1 口通常作为通用 I/O 接口使用。作为输出接口时，由于电路内部已经带上拉电阻，因此无须外接上拉电阻；作为输入接口时，也需先向锁存器写入"1"，是一个准双向的 I/O 接口。输出的信息有锁存，输入有读引脚和读锁存器之分。

（3）P2 口

P2.0～P2.7（21～28 脚）：8 位带有内部上拉电阻的准双向输入/输出接口，具有地址传输功能，可以驱动 4 个 TTL 管。P2 口 8 位中的一位 P2.x 口结构示意图如图 2.4 所示，其他 7 位结构是由与其相同的电路组成。

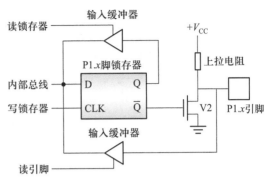

图 2.3　P1.x 口结构示意图

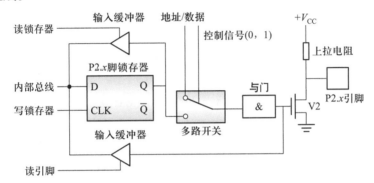

图 2.4　P2.x 口结构示意图

由图 2.4 可见，P2 口在片内既有上拉电阻，又有多路开关 MUX，所以 P2 口在功能上兼有 P0 口和 P1 口的特点。P2 口可以作为普通 I/O 接口使用，也可以作为高 8 位地址总线使用，用来周期性地输出从外存中取指令的地址（高 8 位地址），分时地输出从内部总线来的数据和从地址信号线上来的地址。因此 P2 口是动态的 I/O 接口。输出数据虽被锁存，但不是稳定地出现在端口线上。其实，这里输出的数据往往也是一种地址，只不过是外部 RAM 的高 8 位地址。

同 P1 口一样，作为普通 I/O 输入接口时，P2 也须先向锁存器写入"1"，是一个准双向的 I/O 接口。输出的信息有锁存，输入有读引脚和读锁存器之分。

（4）P3 口

P3.0～P3.7（10～17 脚）：8 位带有内部上拉电阻的准双向输入/输出接口，具有第二功能，可以驱动 4 个 TTL 管。P3 口 8 位中的一位 P3.x 口结构示意图如图 2.5 所示，其他 7 位结构是由与其相同的电路组成。

P3 口和 P1 口的结构相似，作为普通 I/O 接口输入时，P3 口也需要先向锁存器写入"1"，输出的信息有锁存，输入有读引脚和读锁存器之分，也是静态准双向 I/O 口。区别仅在于 P3 口的各端口线有两种功能选择（第二功能见表 2.1）。当处于第一功能时，第二输出功能线为"1"；当处于第二功能时，锁存器输出"1"，通过第二输出功能线输出特定的信号。在输入方面，既可以通过缓冲器读入引脚信号，还可以通过替代输入功能读入片内的特定第二功能信号。

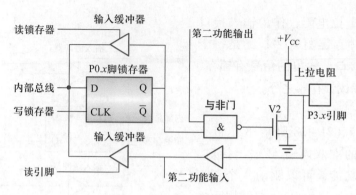

图 2.5   P3. x 口结构示意图

使 P3 口各线处于第二功能的条件如下:

① 串行 I/O 接口处于运行状态 (RXD,TXD);

② 打开了外部中断 ($\overline{\text{INT0}}$,$\overline{\text{INT1}}$);

③ 定时器/计数器处于外部计数状态 (T0,T1);

④ 执行读写外部 RAM 的指令 ($\overline{\text{RD}}$,$\overline{\text{WR}}$)。

在应用中,如不设定 P3 口各位的第二功能 ($\overline{\text{RD}}$,$\overline{\text{WR}}$信号的产生不用设置),则 P3 端口线自动处于第一功能状态,也就是静态 I/O 接口的工作状态。在更多的场合是根据应用的需要,把几条端口线设置为第二功能,而另外几条端口线处于第一功能运行状态。在这种情况下,不宜对 P3 口进行字节操作,需采用位操作的形式。

表 2.1   P3 口第二功能

I/O	引 脚	第 二 功 能
P3.0	10	RXD 串行数据接收端
P3.1	11	TXD 串行数据发送端
P3.2	12	$\overline{\text{INT0}}$外部中断 0 请求端,低电平有效
P3.3	13	$\overline{\text{INT1}}$外部中断 1 请求端,低电平有效
P3.4	14	T0 定时器/计数器 0 外部事件计数输入端
P3.5	15	T1 定时器/计数器 1 外部事件计数输入端
P3.6	16	$\overline{\text{WR}}$外部数据存储器写信号,低电平有效
P3.7	17	$\overline{\text{RD}}$外部数据存储器读信号,低电平有效

2.1.3   控制类引脚

(1) RST (9脚)

复位信号输入端,高电平有效。在该引脚上输入大于 24 个时钟振荡周期 (2 个机器周期) 高电平时,单片机系统复位;当高电平变成低电平时,系统开始执行程序。

(2) $\overline{\text{EA}}/V_{\text{PP}}$ (31 脚)

访问程序存储器选择信号输入端。当$\overline{\text{EA}}$为低电平时,CPU 只能访问外部程序存储器。

当$\overline{EA}$为高电平时，CPU 先访问内部程序存储器（当 51 单片机的 PC 值小于或等于 0x0FFF 时，52 单片机的 PC 值小于或等于 0x01FFF 时），然后访问外部程序存储器（当 51 单片机的 PC 值大于 0x0FFF 时，52 单片机的 PC 值大于 0x01FFF 时）。V_{PP}（+25 V）为固化程序提供专门的编程电源。

注：51 单片机内部 ROM 为 4 KB，52 单片机内部 ROM 为 8 KB。

（3）$\overline{PSEN}$（29 脚）

外部程序存储器的读选通信号输出端，低电平有效。在读外部程序存储器时，CPU 会送出有效的低电平信号。当访问外部程序存储器读取指令时，将以 1/6 的振荡频率产生$\overline{PSEN}$有效信号；当执行片内程序及访问外部数据存储器时，不产生$\overline{PSEN}$有效信号。

（4）ALE/$\overline{PROG}$（30 脚）

ALE 地址锁存允许信号输出端，高电平有效。在访问外部存储器时，该信号将 P0 口送出的低 8 位地址锁存到外部地址锁存器中。$\overline{PROG}$编程脉冲，固化程序需要提供专门的编程脉冲。当访问外部存储器时，将以 1/12 的振荡频率输出脉冲；当非访问外部存储器时，将以 1/6 的振荡频率输出固定频率脉冲。

2.2 单片机最小系统

最小系统是指单片机运行的最基本的硬件系统，是单片机正常工作的基本保障。最小系统主要用来判断系统是否可完成正常的启动与运行。单片机最小系统除电源外，应包含三个部分：单片机、时钟电路、复位电路，如图 2.6 所示。单片机是系统的控制核心，以下对时钟电路和复位电路及其应用加以详细说明。

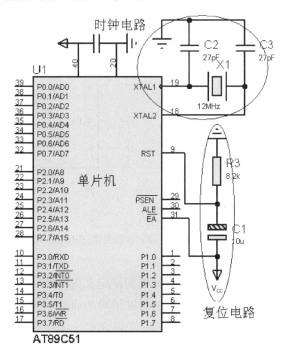

图 2.6 单片机最小系统

2.2.1 时钟电路

微课：
工作频率

单片机时钟电路用来配合外部晶振产生单片机工作所需的时钟信号。该电路为单片机提供运行时钟，是控制单片机运行速度的节拍。如果运行时钟为 0 脉冲，则单片机不工作；若超出单片机的正常工作频率则会使单片机超负荷运行，直至导致芯片发烫、烧毁。

MCS-51 系列单片机的时钟电路是产生单片机工作所需要的时钟信号，该信号控制指令执行中各信号之间在时间上的相互时序长短关系。单片机在时钟信号控制下严格地按时序进行工作。单片机时钟电路有内部时钟和外部时钟电路两种。

（1）内部时钟

MCS-51 系列单片机芯片内部有一个高增益反相放大器，输入端为 XTAL1，输出端为 XTAL2，一般在 XTAL1 与 XTAL2 之间接石英晶体振荡器和微调电容，就可以构成一个稳定的自激振荡器，这就是单片机的内部时钟电路，如图 2.7 所示。

时钟电路产生的振荡脉冲经过二分频以后，才成为单片机的时钟信号。

电容 C_1 和 C_2 为微调电容，可起稳定频率、微调的作用，一般取值在 $5\sim30\,\text{pF}$ 之间，常取 22 pF。晶振的频率范围是 $1.2\sim30\,\text{MHz}$，典型值取 12 MHz。

（2）外部时钟

由多个单片机组成的系统中，为了保持同步，往往需要统一的时钟信号，可采用外部时钟信号引入的方法，外接信号应是高电平持续时间大于 20 ns 的方波，且脉冲频率应低于 12 MHz，如图 2.8 所示。

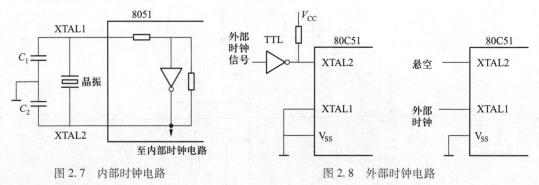

图 2.7 内部时钟电路   图 2.8 外部时钟电路

（3）时序定时单位

时序是用定时单位来说明的。MCS-51 系列单片机的时序定时单位共有 4 个，从小到大依次是拍节、状态、机器周期、指令周期。

拍节、状态：把振荡器发出的振荡脉冲的周期定义为拍节（用 P 表示），振荡脉冲经过二分频以后，就是单片机的时钟信号，把时钟信号的周期定义为状态（用 S 表示）。

机器周期：MCS-51 系列单片机采用定时控制方式，它有固定的机器周期，一个机器周期宽度为 6 个状态，依次表示为 S1~S6，由于一个状态有两个拍节，一个机器周期总共有 12 个拍节，记作：S1P1，S1P2，…，S6P2。因此，机器周期是振荡脉冲的 12 分频。

当振荡脉冲频率为 12 MHz 时，一个机器周期为 1 μs。机器周期示意图如图 2.9 所示。

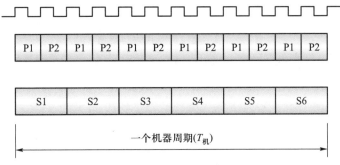

图 2.9 机器周期示意图

指令周期：指令周期是最大的时序定时单位，执行一条指令所需的时间称为指令周期，是机器周期的整数倍。MCS-51 系列单片机的指令周期根据指令的不同，可分为 1、2、4 个机器周期三类。

2.2.2 复位电路

单片机系统是由硬件和软件构成的，软件是由程序组成的。程序则由系列指令构成，正常情况下，希望系统运行时是从程序指针 PC 的固定位置（入口处）开始执行，复位的目的就是保证程序从入口处运行，若不能保证复位要求，程序则很可能不从规定处执行，会造成意想不到的问题，如"死机""跑飞"和功能不正常。

常用复位电路有：上电复位和按键复位。

MCS-51 系列单片机为高电平复位，复位时间不能低于 2 个机器周期（2×12 个振荡周期）。对于使用 6 MHz 晶振的复位信号持续时间应超过 4 μs 才能完成复位操作。产生复位信号的电路有上电自动复位电路和按键手动复位电路两种方式。

（1）上电自动复位电路

上电自动复位是通过外部复位电路的电容充电来实现的，该电路通过上电瞬间电容充电（等效短路），在 RST 引脚上加了一个高电平，高电平的持续时间取决于 RC 电路的参数。上电自动复位电路如图 2.10（a）所示。

（2）按键手动复位电路

该复位形式需要人为在复位输入端 RST 上加入高电平，如图 2.10（b）所示。当按下按钮时，V_{CC} 的+5 V 电平就会直接加到 RST 端，由于人的动作再快也会使按钮保持接通达数十毫秒，所以完全能够满足复位的时间要求。

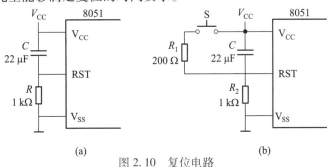

图 2.10 复位电路

复位是单片机系统的初始化操作，系统复位后会对专用寄存器（共 21 个）和单片机的个别引脚信号产生影响，复位后对一些专用寄存器的影响情况见表 2.2。

表 2.2 复位后专用寄存器值

专用寄存器	值	专用寄存器	值
PC（程序指针）	0000H	TCON（定时器/计数器控制寄存器）	00H
ACC（累加器）	00H	TL0（定时器/计数器 0 低 8 位）	00H
PSW（程序状态字）	00H	TH0（定时器/计数器 0 高 8 位）	00H
SP（堆栈指针）	07H	TL1（定时器/计数器 1 低 8 位）	00H
DPTR（数据指针）	0000H	TH1（定时器/计数器 1 高 8 位）	00H
P0~P3（并口锁存器）	FFH	SCON（串行口控制寄存器）	00H
IP（中断优先控制寄存器）	××000000B	SBUF（串行口数据缓冲寄存器）	不定
IE（中断允许控制寄存器）	0×000000B	PCON（电源控制寄存器）	0×××0000B
TMOD（定时器/计数器控制方式寄存器）	00H		

2.3 C51 语言的基础知识

在计算机编程语言中有三种有代表性的语言：高级语言、汇编语言和机器语言。下面从它们的特性和应用简单说明一下区别。

（1）指令不同

① 高级语言：相对于机器语言（machine language）是一种指令集的体系。

② 汇编语言：是一种用于电子计算机、微处理器、微控制器或其他可编程器件的低级语言。

③ 机器语言：不经翻译即可为机器直接理解和接受的程序语言或指令代码。

（2）编码方式不同

① 高级语言：语法和结构更类似于汉语或者普通英文，如 C 语言，且由于远离对硬件的直接操作，使得一般人更容易学习。

② 汇编语言：汇编语言对应着不同的机器语言指令集，通过汇编过程转换成机器指令。特定的汇编语言和特定的机器语言指令集是一一对应的，不同平台之间不可直接移植。

③ 机器语言：使用绝对地址和绝对操作码。不同的计算机都有各自的机器语言，即指令系统。从使用的角度看，机器语言是最低级的语言。

（3）特点不同

① 高级语言：高级语言拥有很多函数库，用户可以根据自身的需求通过在程序中加入头文件来调用这些函数，从而实现相应的功能。同时，用户也可以根据自己的喜好编写函数，以便在后续的程序中进行调用。

② 汇编语言：用助记符代替机器指令的操作码，用地址符号或标号代替指令或操作

数的地址。

③ 机器语言：指令是一种二进制代码，由操作码和操作数两部分组成。操作码规定了指令的操作，是指令中的关键字，不能省略。操作数表示该指令的操作对象。

考虑到实际应用的需求，本教材选用高级语言 C 语言作为基础，结合单片机的特色 C51 语言进行教学。

2.3.1 C 语言与 C51 语言

C 语言作为最初的 UNIX 操作系统的系统实现语言，诞生于 20 世纪 70 年代早期。目前，它已经成为计算机编程系统中一种占统治地位的语言。它面向系统编程，定义简洁，可被简单编译器翻译；它接近机器语言，引入具体数据类型，依赖输入/输出库，程序由全局声明和函数（过程）声明组成；它提供了一套完整的循环结构，区分大小写，并以分号来结束大多数语句。

🔗 **教学课件：**
单片机高级语言设计

归纳起来，C 语言具有以下特点：

① 把高级语言的基本结构、语句与低级语言的实用性结合起来，可以对位、字节和地址进行操作。

② 是结构式语言，以函数形式提供给用户。

③ 功能齐全，具有各种各样的数据类型，并引入了指针概念，使程序效率更高。

④ 适用范围大，适用于多种操作系统，也适用于多种机型。

C51 语言是以 C 语言作为基础，在结构、定义及函数表达方式等方面两者相同，不同的是 C51 语言的寄存器、位操作、数据分区等的表述应用方式。

2.3.2 C51 语言的常用运算符

与 C 语言相同，C51 语言的基本运算主要有：算术运算、关系运算、逻辑运算、字位左移/右移、字位运算、条件运算、逗号运算、指针运算、长度计算、强制类型转换运算、分量运算、下标运算、函数调用运算、自增1/自减1运算、复合赋值表达式、逗号表达式16 种，见表 2.3。

表 2.3 C51 语言运算符

序号	运 算 符	功 能	运算类别
1	+、-、*、/、%	加、减、乘、除、取余	算术运算符
2	>、<、= =、>=、<=、!=	大于、小于、等于、大于或等于、小于或等于、不等于	关系运算符
3	&&、‖、!	与、或、非（左结合）	逻辑运算符
4	<<、>>	左移，右移	字位左移/右移
5	&、^、‖、~	字位按位与、异或、或、取反	字位运算符
6	?:	表达式 1? 表达式 2：表达式 3	条件运算符
7	,	表达式，表达式，…	逗号运算符
8	*、&	指针，取指	指针运算符

续表

序号	运 算 符	功 能	运 算 类 别
9	sizeof	计算变量长度	长度计算符
10	（ ）	强制类型转换	强制类型转换运算符
11	→	分量运算	分量运算符
12	[ ]	下标运算	下标运算符
13	（ ）	函数	函数调用运算符
14	++、--	自增 1、自减 1（向右结合）	自增 1/自减 1 运算符
15	+=、-=、*=、/=、%=、<<=、>>=、&=、^=、|=	（如 i+=1 等价于 i=i+1）	复合赋值表达式
16	,	将两个表达式连起来，从左到右运算	逗号表达式

C 语言关系运算符：<、<=、>、>=、==、!=。前四种优先级别相同，后两种相同，前四种高于后两种，都是双目运算符，自左至右结合，优先级都低于算术运算符，高于赋值运算符。

2.3.3 C51 语言的基本语句

与 C 语言相同，C51 语言常用基本语句主要有 8 种，下面逐一说明。

（1）if 语句

if （表达式 1）

　　语句 1；

else

　　语句 2；

如果表达式 1 成立就执行语句 1，否则执行语句 2，可以嵌套。

（2）switch 语句（多分支选择）

switch （表达式）

｛

　　case 常量表达式 1:语句 1;break;

　　case 常量表达式 2:语句 2;break;

　　…

　　case 常量表达式 N:语句 N;break;

　　default　语句

｝

根据表达式值选择执行。如果都不是，执行 default 语句。

（3）goto 语句

goto　语句标号　:无条件转移

（4）while 语句

while（表达式）语句

先判断,后执行。当表达式为非 0 时,执行语句;当表达式为 0 时,不执行内嵌语句。

(5) do-while 语句

do 语句;

while (表达式);

先执行语句,再判断表达式,当表达式为非 0 时,执行;当表达式为 0 时,则不执行。注意与 while 语句的区别。

(6) for 语句

for (表达式 1;表达式 2;表达式 3) 语句;

先求解表达式 1,求解表达式 2,若为非 0,则执行语句;然后求解表达式 3,再转回求解表达式 2,若为 0 值,则结束。否则继续。

(7) break 语句

中断当前循环,通常在 switch 语句和 while、for 或 do-while 语句循环中使用 break 语句。执行 break 语句会退出当前循环或语句,并开始执行紧接着的语句。

(8) continue 语句

其作用为结束本次循环。即跳出循环体中下面尚未执行的语句,接着进行下一次是否执行循环的判定。

continue 语句和 break 语句的区别如下:

① continue 语句只结束本次循环,而不终止整个循环的执行。而 break 语句则是结束整个循环过程,不再判断执行循环的条件是否成立。

② continue 语句的作用是跳过循环体中剩余的语句而强制执行下一次循环。

③ continue 语句只用在 for、while、do-while 等语句循环体中,常与 if 语句一起使用,用来加速循环。

2.3.4　C51 语言的数据类型

C51 语言根据数据长度和值域可分为 9 种数据类型,见表 2.4。

表 2.4　C51 语言的数据类型

序　号	数据类型	长　度	值　域
1	unsigned char	单字节	0~255
	signed char	单字节	−128~+127
2	unsigned int	双字节	0~65535
	signed int	双字节	−32768~+32767
3	unsigned long	四字节	0~4294967295
	signed long	四字节	−2147483648~+2147483647
4	float	四字节	±1.175494E−38~±3.402823E+38
5	*	1~3 字节	对象的地址
6	bit	位	0 或 1

序　　号	数据类型	长　　度	值　　域
7	sfr	单字节	0~255
8	sfr16	双字节	0~65535
9	sbit	位	0 或 1

（1）char（字符型）

char 类型的长度是 1 个字节，通常用于定义处理字符数据的变量或常量。分 unsigned char（无符号字符类型）和 signed char（有符号字符类型）两种，默认值为 signed char 类型。unsigned char 类型用字节中所有的位来表示数值，所能表达的数值范围是 0~255。signed char 类型用字节中最高位字节表示数据的符号，"0" 表示正数，"1" 表示负数，负数用补码表示。所能表示的数值范围是 −128~+127。unsigned char 类型常用于处理 ASCII 字符或用于处理小于或等于 255 的整型数。

（2）int（整型）

int 类型的长度为 2 个字节，用于存放 1 个双字节数据。分 signed int（有符号整型数）和 unsigned int（无符号整型数）两种，默认值为 signed int 类型。signed int 类型表示的数值范围是 −32768~+32767，字节中最高位表示数据的符号，"0" 表示正数，"1" 表示负数。unsigned int 类型表示的数值范围是 0~65535。

（3）long（长整型）

long 类型的长度为四个字节，用于存放 1 个四字节数据。分 signed long（有符号长整型）和 unsigned long（无符号长整型）两种，默认值为 signed long 类型。signed long 类型表示的数值范围是 −2147483648~+2147483647，字节中最高位表示数据的符号，"0" 表示正数，"1" 表示负数。unsigned long 类型表示的数值范围是 0~4294967295。

（4）float（浮点型）

float 类型在十进制中具有 7 位有效数字，是符合 IEEE 754 标准的单精度浮点型数据，占用 4 个字节。因浮点数的结构较复杂，在以后的章节中再做详细的讨论。

（5）＊（指针型）

指针型本身就是一个变量，在这个变量中存放的指向另一个数据的地址。这个指针变量要占据一定的内存单元，对不一样的处理器长度也不尽相同，在 C51 语言中它的长度一般为 1~3 个字节。C51 语言编译器支持用星号（＊）进行指针声明，可以用指针完成在标准 C 语言中有的所有操作。由于 80C51 及其派生系列所具有的独特结构，C51 语言编译器支持两种不同类型的指针：通用指针和存储器指针。

① 通用指针。通用或未定型的指针的声明和标准 C 语言中一样。如：

```
char   ＊s;            /＊ string ptr ＊/
int    ＊numptr;       /＊ int ptr ＊/
long   ＊state;        /＊ long ptr ＊/
```

通用指针需要 3 个字节来存储。第 1 个字节用来表示存储器类型，第 2 个字节是指针的高字节，第 3 个字节是指针的低字节。

通用指针可以用来访问所有类型的变量，而不管变量存储在哪个存储空间中。因而许多库函数都使用通用指针。通过使用通用指针，一个函数可以访问数据，而不用考虑它存储在什么存储器中。通用指针很方便，但是也很慢。在所指向目标的存储空间不明确的情况下，它们用得最多。

② 存储器指针。存储器指针或类型确定的指针在定义时要包含一个存储器类型说明，并且总是指向此说明的特定存储器空间。例如：

```
char data    * str;         /* 指向 data 区域的字符串 */
int xdata    * numtab;      /* 指向 xdata 区域的 int */
long code    * powtab;      /* 指向 code 区域的 long */
```

正是由于存储类型在编译时已经确定，通用指针中用来表示存储器类型的字节就不再需要了。指向 idata，data，bdata 和 pdata 的存储器指针使用 1 个字节来保存；指向 code 和 xdata 的存储器指针使用 2 个字节来保存。

由此可见，使用存储器指针比通用指针效率要高，速度要快。当然，存储器指针的使用不是很方便。只有在所指向目标的存储空间明确并不会变化的情况下，才用它。

在 C51 语言中指针的数据是由单片机 P2 和 P0 口组成的地址。

（6）bit（位标量）

bit 类型是 C51 语言编译器的一种扩充数据类型，利用它可定义一个位标量，但不能定义位指针，也不能定义位数组。它的值是一个二进制位，不是"0"就是"1"，类似一些高级语言中的 Boolean 类型中的 True 和 False。

（7）sfr（特殊功能寄存器）

sfr 类型也是一种扩充数据类型，用来定义 8 位特殊功能寄存器。利用它能访问 51 单片机内部的所有特殊功能寄存器。如用 sfr P1 = 0x90；这一句定义 P1 为 P1 口在片内的寄存器，在后面的语句中用 P1 = 255（对 P1 口的所有引脚置高电平）之类的语句来操作特殊功能寄存器。

sfr 关键字后面是一个要定义的名字，等号后面必须是常数，不允许有带运算符的表达式，而且该常数必须在特殊功能寄存器的地址范围之内（80H~FFH）。

（8）sfr16（16 位特殊功能寄存器）

sfr16 类型也是一种扩充数据类型，用来定义 16 位特殊功能寄存器，sfr16 关键字后面是一个要定义的名字，等号后面必须是常数，不允许有带运算符的表达式，而且该常数必须在特殊功能寄存器的地址范围之内（80H~FFH）。sfr16 和 sfr 一样用于操作特殊功能寄存器，所不一样的是它用于操作占 2 个字节的寄存器。

对 8052 的 T2 定时器，可以定义为：sfr16 T2 = 0xCC；//这里定义 8052 定时器 2，地址为 T2L=CCH，T2H=CDH。

用 sfr16 定义 16 位特殊功能寄存器时，等号后面是它的低位地址，高位地址一定要位于物理低位地址之上。注意的是不能用于定时器 0 和 1 的定义。

（9）sbit（可寻址位）

sbit 类型是单片机 C 语言中的一种扩充数据类型，利用它能访问芯片内部 RAM 中的可寻址位或特殊功能寄存器中的可寻址位，如访问特殊功能寄存器中的某位。如要访问

P1 口中的第 2 个引脚 P1.1，定义方法如下：

① sbit 位变量名＝位地址

sbit P1_1 = 0x91;

这样是把位的绝对地址赋给位变量。同 sfr 一样 sbit 的位地址必须位于 80H ~ FFH 之间。

② sbit 位变量名＝特殊功能寄存器名^位位置

sft P1 = 0x90;

sbit P1_1 = P1^1; //先定义一个特殊功能寄存器名,再指定位变量名所在的位置,当可
　　　　　　　　　　　　寻址位位于特殊功能寄存器中时可采用这种方法

③ sbit 位变量名＝字节地址^位位置

sbit P1_1 = 0x90^1;

这种方法其实和②是一样的，只是把特殊功能寄存器的位地址直接用常数表示。

在 C51 语言的存储器类型中提供有一个 bdata 的存储器类型，这个是指可位寻址的数据存储器，位于单片机的可位寻址区（内部 RAM 0x20~0x2F 字节单元）中，可以将要求可位寻址的数据定义为 bdata。如：

unsigned char bdata ib; //在可位寻址区定义 unsigned char 类型的变量 ib

int bdata ab[2]; //在可位寻址区定义数组 ab[2],这些也称为可寻址位对象

sbit ib7＝ib^7; //用关键字 sbit 定义位变量来独立访问可寻址位对象的其中 1 位

sbit ab12＝ab[1]^12; //操作符"^"后面位的最大值取决于指定的基址类型,char 0~7,
　　　　　　　　　　　　　int 0~15,long 0~31

2.3.5 C51 语言的存储器类型

从数据存储类型来说，8051 系列有片内、片外程序存储器，片内、片外数据存储器，片内程序存储器还分直接寻址和间接寻址两种存储器，分别对应 code、data、xdata、idata 以及根据 51 系列特点而设定的 pdata 类型，见表 2.5。使用不同的存储器，将使程序执行效率不同，在编写 C51 程序时，最好指定变量的存储类型，这样将有利于提高程序执行效率。与 ANSI - C 稍有不同，它只分 SMALL、COMPACT、LARGE 模式，各种不同的模式对应不同的实际硬件系统，也将有不同的编译结果。

表 2.5　存储器类型

存储器类型	说　　　　明
data	直接访问内部数据存储器（128 B），访问速度最快
bdata	可位寻址内部数据存储器（16 B），允许位与字节混合访问
idata	间接访问内部数据存储器（256 B），允许访问全部内部地址
pdata	分页访问外部数据存储器（256 B）
xdata	外部数据存储器（64 KB）
code	程序存储器（64 KB）

在 51 系列中 data，idata，xdata 存储类型的区别如下：

data 类型：固定指前面 0x00 ~ 0x7F 的 128 个字节的 RAM，速度最快，生成的代码也最小。

idata：固定指前面 0x00~0xFF 的 256 个字节的 RAM，其中前 128 个字节和 data 的 128 个字节完全相同，只是因为访问的方式不同。idata 是用类似 C 语言中的指针方式访问的。

xdata：外部扩展 RAM，指外部 0x0000~0xFFFF 空间，用类似 C 语言中的指针方式访问或用绝对地址方式访问。

2.3.6　C51 语言的基本结构

(1) C51 语言的基本结构

```
#include<reg51.h>              /*头文件说明部分,预处理部分*/
unsigned char x1,x2;           /*全局变量声明部分*/
…Function1(…){…}              /*功能函数定义部分*/
main()  {
    int i,j;                   /*整型变量声明部分*/
Function1(…);                  /*功能函数说明部分,函数声明,先声明后调用*/
……}
```

(2) C51 语言的一般结构

```
预处理
全局变量说明
函数 1 说明
……
函数 n 说明
main(){            /*在一个工程中必须有且只有一个小写的 main()函数*/
局部变量说明;
执行语句;
函数调用;
}
返回类型 函数 1 名(形参说明){
局部变量说明;
执行语句;
函数调用;
}
……
返回类型 函数 n 名（形参说明){
局部变量说明;
执行语句;
函数调用;
}
```

C51 程序与 C 程序一样遵循"先定义后调用"或"在调用前需先声明"原则。

2.3.7　C51 语言的重要库函数

除了可以使用 C 语言的常用库函数，C51 语言还包含寄存器库函数和本征库函数，这对使用 C51 语言编程是比较重要的。

（1）absacc. h

该文件中实际只定义了几个宏，以确定各存储空间的绝对地址。包括：CBYTE、XBYTE、PWORD、DBYTE、CWORD、XWORD、PBYTE、DWORD。具体使用可看一看absacc. h 便知。

【例 2.1】

```
rval=CBYTE[0x0002];        /* 指向程序存储器的 0002H 地址 */
rval=XWORD [0x0004];       /* 指向外 RAM 的 0004H 地址 */
```

（2）intrins. h

在 C51 单片机编程中，使用头文件 intrins. h 的函数就像使用汇编语言时一样简便。

原型 1：

```
unsigned char _crol_(unsigned char val,unsigned char n);    /* 字符循环左移 */
unsigned int _irol_(unsigned int val,unsigned char n);      /* 整数循环左移 */
unsigned int _lrol_(unsigned int val,unsigned char n);      /* 长整数循环左移 */
```

【例 2.2】

```
#include <intrins. h>
main()
{
unsigned int y;
y=0x00FF;
y=_irol_(y,4);
}
```

原型 2：

```
unsigned char _cror_(unsigned char val,unsigned char n);    /* 字符循环右移 */
unsigned int _iror_(unsigned int val,unsigned char n);      /* 整数循环右移 */
unsigned int _lror_(unsigned int val,unsigned char n);      /* 长整数循环右移 */
```

【例 2.3】

```
#include <intrins. h>
main()
{
unsigned int y;
y=0x0FF00;
y=_iror_(y,4);
}
```

原型 3：void _nop_(void);/* 产生一个 NOP 指令，该函数可用作 C 程序的时间延

时。*/

【例 2.4】

P1_1 = 1;

nop( );

P1_1 = 0;

原型 4：bit _testbit_(bit x)；

该函数测试一个位，当置位时返回 1，否则返回 0。如果该位置为 1，则将该位复位为 0。_testbit_只能用于可直接寻址的位；在表达式中使用是不允许的。

（3）reg51. h

标准的 8051 头文件，定义了所有的特殊功能寄存器 SFR 名及位名，一般单片机系统都必须包括本文件。

（4）stdlib. h

动态内存分配函数。

（5）string. h

缓冲区处理函数，包括复制、比较、移动等函数。如 Memccpy，memchr，memcmp，memcpy，memmove，memset。

（6）stdio. h

输入/输出流函数，可用于 8051 的串口或用户定义的 I/O 口读写数据，默认时为 8051 串口，如要修改，可修改 lib 目录中的 getkey. c 及 putchar. c 源文件，然后在库中替换它们即可。

2.3.8　C51 语言的标识符

（1）关键字

具有固定名称的特殊标识符，是编译器保留的，在编写 C 程序时，标识符命名不能与关键字相同。除此之外还有预定义标识符，这类标识符在 C 语言和 C51 语言中有特定的含义见表 2.6 和表 2.7，一般不要作他用，如 include、define 等；用户根据需要定义的标识符（用户标识符），要遵循一定的命名规则，建议以字母开头，按类别定义。

表 2.6　C 语言关键字

关　键　字	用　　途	说　　明
auto	存储种类声明	用于声明局部变量，默认值是此
break	程序语句	退出最内层循环体
case	程序语句	switch 语句中的选择项
char	数据类型声明	单字节整型或字符型数据
const	存储类型声明	在程序执行过程中不可修改的变量值
continue	程序语句	退出本次循环，转向下一次
default	程序语句	switch 语句中的失败选择项

关 键 字	用 途	说 明
do	程序语句	构成 do-while 循环结构
double	数据类型声名	双精度浮点数
else	程序语句	构成 if-else 选择结构
enum	数据类型	枚举
extent	存储类型	全局变量
float	数据类型	单精度浮点数
for	程序语句	
goto	程序语句	
if	程序语句	
int	数据类型	基本整型数
long	数据类型	长整型数
register	存储类型	CPU 内部的寄存器变量
return	程序语句	函数返回
short	数据类型	短整型
signed	数据类型	有符号数
sizeof	运算符	计算表达式或数据类型的字节数
static	存储类型	静态变量
struct	数据类型声明	结构类型
switch	程序语句	
typedef	数据类型	重新进行数据类型定义
union	数据类型	联合类型数据
unsigned	数据类型	无符号数
void	数据类型	无类型数据
volatile	数据类型	声明该变量在程序执行中可被隐含改变
while	程序语句	

表 2.7　C51 语言编译器的扩展关键字

关 键 字	用 途	说 明
_at_	绝对地址定义	定义一个地址数据
bit	位标量声明	声明一个位标量或位类型的函数
sbit	位标量声明	声明一个可位寻址变量
sfr	特殊功能寄存器声明	声明一个特殊功能寄存器

关 键 字	用 途	说 明
sfr16	特殊功能寄存器声明	声明一个 16 位的特殊功能寄存器
data	存储器类型说明	直接寻址的内部数据存储器
bdata	存储器类型说明	可位寻址的内部数据存储器
idata	存储器类型说明	间接寻址的内部数据存储器
pdata	存储器类型说明	分页寻址的外部数据存储器
xdata	存储器类型说明	外部数据存储器
code	存储器类型说明	程序存储器
interrupt	中断函数说明	定义一个中断函数
reentrant	再入函数说明	定义一个再入函数
using	寄存器组定义	定义芯片的工作寄存器

（2）运算符及优先级

① 算术运算符：+ − * / %，分别表示加、减、乘、除、取余。

② 关系运算符：> < == >= <= !=，分别表示大于、小于、等于、大于或等于、小于或等于、不等于。

③ 逻辑运算符：&& ‖ !（左结合）。

④ 字位左移、右移：<< >>。

⑤ 字位按位与、异或、或、取反：& ^ | ~。

⑥ 条件运算符：?:。

⑦ 指针运算符：* &。

⑧ 长度计算符：sizeof。

⑨ 强制类型转换运算符：（ ）。

⑩ 分量运算符：. →。

⑪ 下标运算符：[ ]。

⑫ 函数调用运算符：（ ）。

⑬ 自增、自减运算符：++ −−（向右结合：i++ 表示 i 计算后再+1，++i 表示把 i 加 1 后再运算）。

⑭ 复合赋值表达式：

+= −= *= /= %= <<= >>= &= ^= |= （如 i+=1 等价于 i=i+1）

⑮ 逗号表达式：,，将两个表达式连起来，从左到右运算，优先级别最低。

C 语言有以下 6 种关系运算符： < <= > >= == !=。前 4 种优先级别相同，后 2 种相同，前 4 种高于后 2 种，都是双目运算符，自左至右结合，优先级都低于算术运算符，高于赋值运算符。

试卷及答案：
LED 显示和节日彩灯
单元测试卷~~5

2.4　案例学习

2.4.1　1 只 LED 灯秒闪

（1）功能描述

以单片机最小系统为基础，外加一个 LED 灯和限流电阻 R_2，实现 LED 灯亮灭的控制。通过该案例掌握单片机应用系统编写的步骤，熟悉 Keil 软件和 Proteus 软件的操作流程。软件的操作流程参见附录。

（2）仿真电路

1 只 LED 闪烁电路图如图 2.11 所示。图中 C_1、C_2、晶振构成时钟电路，提供单片机的运行节拍；C_3 与 R_1 构成上电复位电路，保证单片机上电时程序从零开始运行；时钟电路、复位电路与单片机构成了最小系统。

教学课件：
1. LED 显示
2. 彩灯显示

实验视频：
1. LED 显示
2. 1 只 LED 闪烁

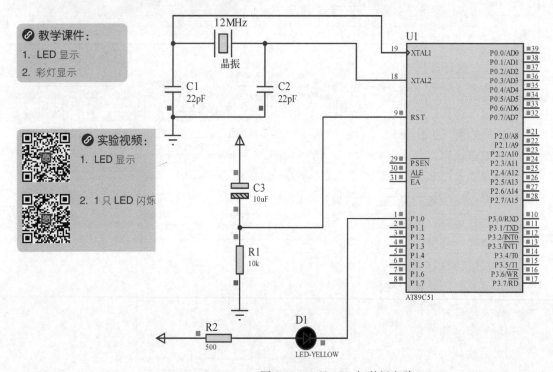

图 2.11　1 只 LED 灯秒闪电路

单片机的 P1.0 引脚接发光二极管 D1，并串接限流电阻 R_2 到电源，显然当 P1.0 为高电平发光二极管不亮，P1.0 为低电平发光二极管点亮。

发光二极管具有二极管单向导通特性，具有伏安特性曲线特点，在使用时应引起注意。

图中的电子元器件在 Proteus 中的选择见表 2.8。

图 2.11 中电源与地的选择如图 2.12 所示。

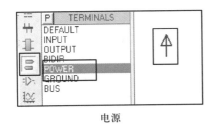
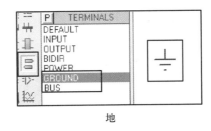

电源　　　　　　　　　　　　　　　　地

图 2.12　Proteus 中电源与地的选择

（3）实现思路

利用头文件<AT89X51. H>包含特设功能寄存器 P1 的定义，让 LED 对应的 P1 口的 0 位取低电平点亮发光二极管 LED，利用 for( )函数延时一段时间后，P1 口的 0 位送高电平关闭发光二极管 LED，while(1)无限循环，不断地点亮和关闭 LED，最终的效果就是 LED 不停闪烁。

（4）程序分析与源程序

1 只 LED 秒闪程序流程图如图 2.13 所示，在初始化中，需要对用的变量定义，延时可以用++或--这样的指令完成。

表 2.8　1 只 LED 秒闪电路元器件清单

序号	元器件标号（参考）	关键字（Keywords）	属性
1	U1	AT89C51	
2	R_1	RES	10 kΩ
3	R_2	RES	500 Ω
4	C_1、C_2	CAP	22 pF
5	C_3	CAP-ELEC	10 μF
6	晶振	CRYSTAL	12 MHz
7	D1	LED-RED	

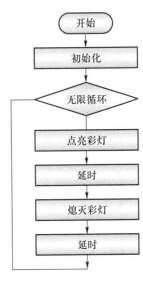

图 2.13　1 只 LED 秒闪程序流程图

　　1 只 LED 秒闪参考程序如下：

```
1    #include <AT89X51. H>          //包含 51 特有的头文件,通过头文件来调用库功能
2    void main( )                   //一个项目中只能且必须有一个主程序
3    {
4    unsigned int i,j;             //定义无符号整型变量 i 和 j
5        while(1){                  //常用的无限循环语句
6            P1_0=0;               //1 号脚送低电平,点亮这只 LED
7            for(j=0;j<5;j++)      // 外循环,约需 0.1 s×5=0.5 s
8            for(i=0;i<50000;i++); //内循环,12 MHz 晶振执行 50000 次约需 0.1 s
```

9　　　　　　　　P1_0=1;　　　　　　//送高电平,熄灭这只LED
10　　　　　　for(j=0;j<5;j++)
11　　　　　　for(i=0;i<50000;i++);　//同上,延时约0.5s
12　　　　　　　}
13　　　}

程序中：

第1行包含的是具有MCS-51特殊功能寄存器的头文件，也可以换成"#include <reg51.h>"，虽然都是包含了51的特殊功能寄存器，但这两者是有区别的，可以打开这两个文件，对比看；

第5行是一个常用的无限循环程序逻辑，还可以用"for(;;)"这样的语句，没有起始、终止条件实现；

第7行、第8行、第10行、第11行的时间是估算出来的，和编译器的关系比较大，如果需要准确定时，只能借助后面所学的定时器完成。

（5）调试过程

Keil操作可以参考附录。但本操作里需要安装三个软件：Keil、Proteus、Vdmagdi（Keil和Proteus联调）。

① 编译：程序编译信息输出窗口如图2.14所示。

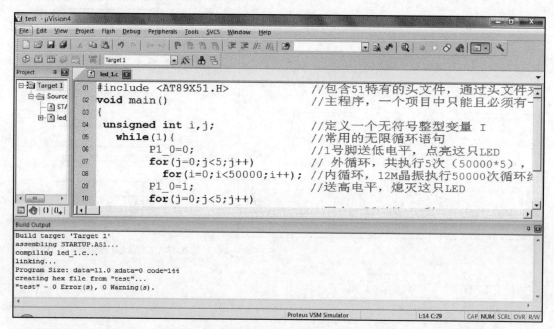

图2.14　程序编译信息输出窗口

② 设置：右键单击"Target 1"打开"Options for Target 'Target 1'"对话框，如图2.15所示。

选中"Use Simulator"单选按钮进入Keil仿真，如图2.16所示。

③ 运行Keil：选择"Debug→Start/Stop Debug Session"命令，运行Keil调试，如图2.17所示。

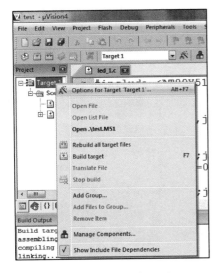

图 2.15 进入目标配置

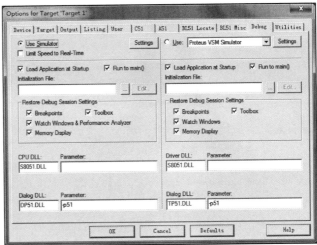

图 2.16 选择 Proteus 仿真设置窗口

④ 观察：运行观察 P1 口，分别如图 2.18 和图 2.19 所示。

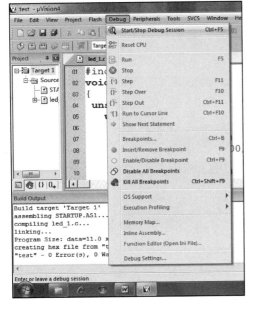

图 2.17 选择程序运行

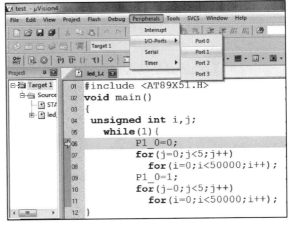

图 2.18 单步运行观察 P1 口

有√是高电平，否则为低电平。

如图 2.20 所示，双击观察窗 Watch 中的栏目，添加观察变量，在程序运行中可以看到变量的变化，检查逻辑对否。

也可以在 Proteus 软件中画出电路图，下载程序，观察运行结果。

(6) 思考

① 为什么需要延时程序？若去掉延时程序，试试效果会怎样。

② 为什么需要限流电阻，该电阻的阻值如何计算？

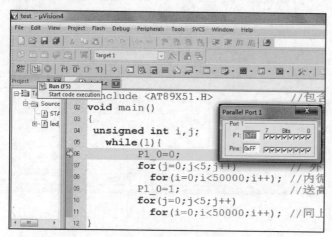

图 2.19　观察单片机 P1 口

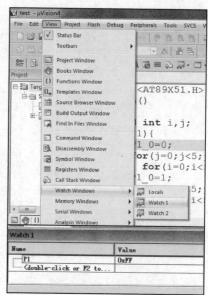

图 2.20　变量观察窗口

2.4.2　8 只 LED 灯流水点亮

（1）功能描述

利用单片机 8 位 P1 口驱动 8 只 LED 灯，依次循环点亮每只灯。掌握单片机并口的驱动编程方法，进一步熟悉 Keil 建工程的步骤。

（2）仿真电路

Proteus 软件仿真是默认有单片机最小系统的设计，在图中可以不画出最小系统的时钟电路和复位电路。8 只 LED 灯流水点亮仿真电路如图 2.21 所示，器件的选择可参考 2.4.1 节 1 只 LED 灯的选择。

📎 教学案例：
1. 扩展彩灯
2. 流水灯和跑马灯

📎 微课：
8 只 LED

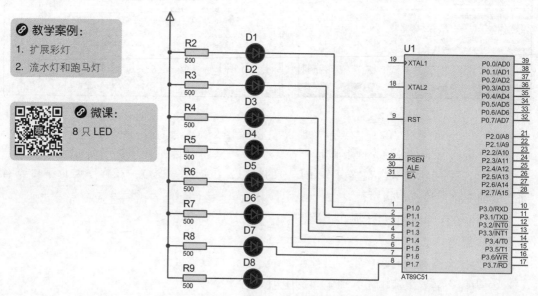

图 2.21　8 只 LED 灯流水点亮仿真电路

（3）实现思路

在程序设计中利用移位函数来实现流水点亮 LED 灯。头文件<intrins. h>是 51 本征头文件，包含了函数_crol_( )的定义，8 位二进制数的左移位可以使用操作符"<<"与函数_crol_( )，前者是不循环移位，空缺位以零补齐；后者是循环移位，移出位自动补空缺位。在 intrins. h 中有_crol_( )、_cror_( )、_irol_( )、_iror_( )、_lrol_( )、_lror_( )、_nop_( )、_testbit_( )等函数，如何使用可以参考其相应手册。

（4）程序分析

在程序中可以使用本征库"intrins. h" _crol_( )函数，实现 8 位二进制数循环左移，不会出现空缺位零补齐现象；若使用"<<"或">>"左移或右移 8 位二进制数，则会出现空缺位零补齐问题。当我们移动了 8 位，则所有的数据位全部为零了，此时需要重新赋给初值。

程序的实现有两种方法，其流程图分别如图 2.22 和图 2.23 所示。

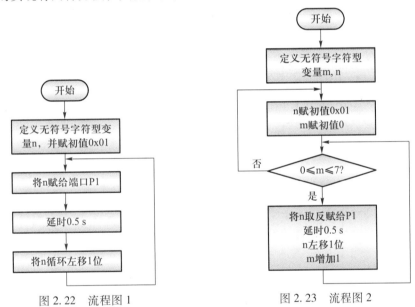

图 2.22　流程图 1　　　　　　　图 2.23　流程图 2

8 只 LED 灯流水点亮参考程序 1 如下：

```
1    #include <reg51. h>
2    #include<intrins. h>              //51 本征头文件
3    #define uchar unsigned char      //宏定义 uchar 符号,是在 C 语言中常用方式
4
5    void delay05( )
6    {  uchar i,j,k;
7        for(i=5;i>0;i--)
8          for(j=200;j>0;j--)
9            for(k=250;k>0;k--);
10   }
11
```

```
12      void main( )
13      {    uchar n = 0x01;
14           while (1)
15              {
16                P1 = ~n;
17                delay05( );                //延时 0.5 s
18                n = _crol_(n,1);
19              }
20      }
```

程序中：

第 2 行是包含了一个 51 的本征库文件，因为在程序第 18 行用到了函数 _crol_( )；

第 5 行的 delay05( ) 函数，延时时间是估计的；

第 18 行实现的功能是将 n 按照二进制方式循环左移一位，即移动后的空缺位在最低位，被移出的最高位补上。

8 只 LED 灯流水点亮参考程序 2 如下：

```
1       #include <reg51. h>
2       #define uchar unsigned char
3       void delay05( )                    //延时子程序
4       {
5         uchar i,j,k;
6         for(i=5;i>0;i--)
7           for(j=200;j>0;j--)
8             for(k=250;k>0;k--);
9       }
10      void main( )                       //主函数
11      {
12      uchar m,n;
13        while (1)                        //无限循环
14          {
15            n = 0x01;                     //n 初始化为 0x01，即 00000001
16      for(m=0;m<=7;m++)                   //for 循环，完成 8 次循环，重复执行 8 次循环体
17          {
18          P1 = ~n;
19          delay05( );                     //延时
20          n = n<<1;
21          }
22        }
23      }
```

程序中：

第 18 行~n 表示将变量 n 中的二进制位取反。n 初始值为 0x01，即 00000001，将 n 各位取反后为 11111110；输出到 P1 口相对应的端口信号为 0，LED 灯点亮；为 1，LED 灯熄灭；

第 20 行 n<<1 表示变量 n 中的二进制位左移 1 位，是不循环左移，移动后最低位空缺，会以"0"补齐，而最高位移出。本程序和上面程序的区别主要是移位的语言表述不同。本功能也可考虑采用"n=n+n;"或"n=n*2;"实现。

（5）调试与说明

生成执行文件 HEX 设置，如图 2.24 所示。

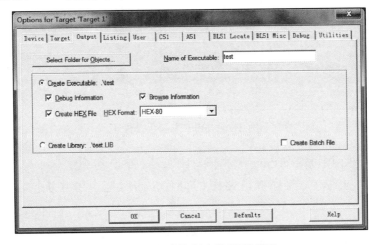

图 2.24　生成执行文件 HEX 设置

编译后会生成一个 test. HEX 文件，注意该文件所在的路径。

若要 Keil 与仿真软件 Proteus 联调，需要安装联调软件 Vdmagdi，并按照图 2.25 设置 Keil，按照图 2.26 设置 Proteus。设置完成后可以用 Keil 的单步、全速、运行到光标处等调试方法调试程序，观看效果。

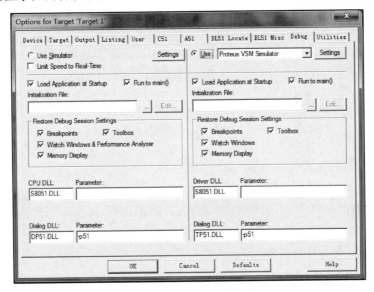

图 2.25　联调 Keil 设置

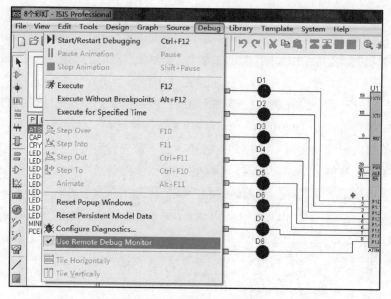

图2.26　联调 Proteus 设置

若不需要联调，则可以在 Proteus 中下载 HEX 文件，运行观察即可。

在 Proteus 中仿真，先要完成电路图的设计，然后选中单片机，装载该文件，如图2.27所示。

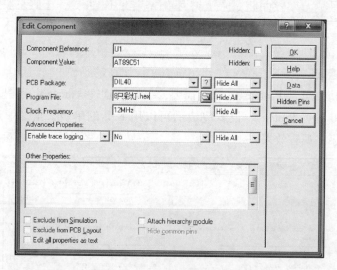

图2.27　在 Proteus 中装在文件

在 Proteus 中运行仿真，效果如图2.28所示。

（6）思考

① 包含头文件 reg51.h 与 AT89X51.h，在程序编写中有什么不同？（建议打开这两个文件观察）

② < AT89X51.h > 与 "AT89X51.h" 功能是完全一样的吗？

③ 程序 for(i=5;i>0;i--)

　　for(j=200;j>0;j--);

与

for(i=5;i>0;i--);

for(j=200;j>0;j--);

在程序执行中有什么区别?

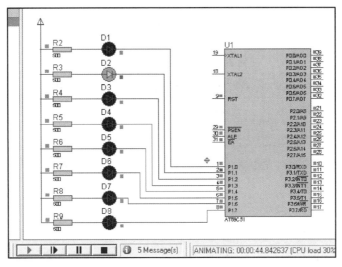

图 2.28 运行仿真效果

2.4.3 数码显示

LED 数码管的结构如图 2.29 所示,图中 a~g 七个笔段及小数点 dp 均为发光二极管。如果将所有发光二极管的阳极连在一起作为公共端,称为共阳极数码管;如果将所有发光二极管的阴极连在一起作为公共端,称为共阴极数码管。

🔗 动画:

数码显示

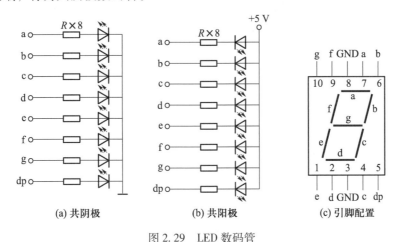

图 2.29 LED 数码管

共阳极数码管的所有发光二极管的阳极均接高电平,所以只要 a~g 及 dp 引脚输入低电平,则相应笔段的发光二极管发光;共阴极数码管的所有发光二极管的阴极均接地,所以只要 a~g 及 dp 引脚输入高电平,则相应笔段的发光二极管发光。因此,如要显示某一字符，必须向公共端（共阴极/共阳极）和各段（a~g 及 dp）施加正确的电压。对公共端的施压操作称为位选，对各笔段的操作称为段选，输入各段的二进制码称为字段码。如采用共阴极数码管，将其 a、b、c、d、…、dp 按照顺序分别连接到单片机的一个 x 并口（x=0，1，2，3）Px.0、Px.1、Px.2、Px.3、…、Px.7 上时，若要显示数字"1"，需要给 b 段和 c 段高电平，即 Px.2 和 Px.1 为高电平，其余字段送低电平，字段码就是 0x06。表 2.9 所示为在该种连接方式下的 LED 数码管显示的字段码表。

表 2.9　LED 显示器的字段码

显 示 字 符	共阴极字码段	共阳极字码段	显 示 字 符	共阴极字码段	共阳极字码段
0	0x3F	0xC0	9	0x6F	0x90
1	0x06	0xF9	A	0x77	0x88
2	0x5B	0xA4	B	0x7C	0x83
3	0x4F	0xB0	C	0x39	0xC6
4	0x66	0x99	D	0x5E	0xA1
5	0x6D	0x92	E	0x79	0x86
6	0x7D	0x82	F	0x71	0x8E
7	0x07	0xF8	P	0x73	0x8C
8	0x7F	0x80	熄灭	0x00	0xFF

教学案例：
4 只数码静态

微课：
数码管静态显示

实验视频：
数码管显示

在数码管显示的方式中，由线路连接的不同产生了两种显示方式：静态显示和动态显示。

在静态显示方式下，共阴极或共阳极连接在一起接地或 +5 V；每一位显示器的字段控制线是独立的。当显示某一字符时，该位的各字字段线和字位线的电平不变，也就是各字段的亮灭状态不变。静态显示方式编程简单，但占用 I/O 口线多，需要 n×8 个 I/O 口线（n 是数码管个数），适用于显示器位数较少的场合。图 2.30 为 4 位静态 LED 显示电路，从图中可以看出，静态显示电路中每一位数码管的段选端均由不同的 I/O 口独立控制，而位选端连接在一起接地或 +5 V。

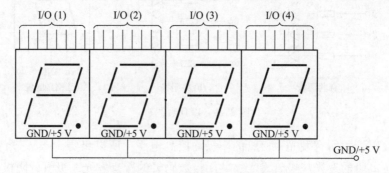

图 2.30　4 位静态 LED 显示电路

静态显示的特点与应用：静态显示数码管相应笔段一直处于点亮状态，因此功耗大，而且占用硬件资源多，几乎只能用在显示位数极少的场合，但亮度高，可用在室外显示场合。

在动态显示方式下， 所有数码管的同名段选线并联在一起，通过控制位选信号（位码）来控制数码管的点亮，如图 2.31 所示。数码管采用动态扫描显示，所谓动态扫描显示就是逐位轮流点亮每位显示器，即每个数码管的位选被轮流选中，多个数码管共用一组段线信号（段码），字形码仅对位选被选中的数码管有效。对于每一位显示器来说，每隔一段时间点亮一次（每只数码管点亮的间隔不要超过 20 ms），实际利用了发光管的余辉和人眼视觉暂留作用，使人感觉好像各位数码管同时都在显示。显示器的亮度既与导通电流有关，又与点亮时间和间隔时间的比例有关。如果显示器的位数不大于 8 位，位选端只需要一个 8 位 I/O 口进行动态扫描，而段选端也只要一个 8 位 I/O 口即可。

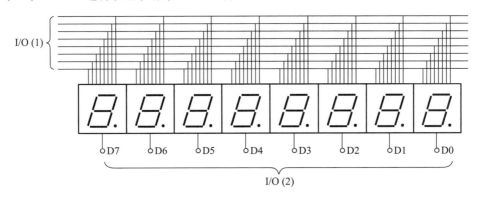

图 2.31　8 位 LED 动态显示器电路

动态显示是最为广泛的一种显示方式，是多只数码管共享段码线，通过位选线（公共端）逐位分时进行扫描显示（任意时刻只有一只数码管点亮）。其优点是占用硬件资源少，只需要 $n+8$ 个 I/O 口控制线，功耗小、软件工作量大。

1. 数码管静态显示

（1）功能描述

单片机 P2 口外接一个共阴极数码管，编制程序显示数字"6"。通过该案例了解并熟悉数码管显示技术。

（2）仿真电路

八段数码管可以看成是 8 个发光二极管按照一定的布局排列而成。如图 2.32 所示，将 8 个发光二极管的阴极短接形成共阴极数码管；图中的 RN1 是无公共端的排阻，阻值的大小由数码管的参数确定，一般取值在 $300\,\Omega \sim 2\,k\Omega$ 之间，具体的阻值可以通过公式 $R = (U_{电源} - U_{LED})/I_{LED}$ 获得，公式中的 U_{LED}、I_{LED} 可以根据厂商提供的参数确定。此例中，我们取 $500\,\Omega$，作限流之用。

（3）实现思路

单片机可以从 P2 口输出相应的高低电平，点亮或熄灭相应的发光二极管，从而显示数字 0~9。将这些数字笔画的 P2 口高低电平，用 8 位二进制的数字表示，如显示"0"，P2 口应送 00111111（0x3F）；显示"2"，P2 口应送 01011011（0x5B）。对显示数字 0~9 对应的 P2 口高低电平采用数组编程，需要显示什么时按序从数组中调用即可。

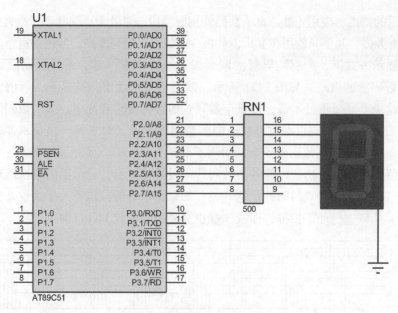

图 2.32　数码管静态显示仿真电路

图 2.32 中只有一个数码管，且数码管的每个笔段都单独接到芯片的 I/O 口上，即数码管的每个笔段点亮与熄灭都是稳定的，只要显示段不发生变化，单片机的控制端口的数据就可以不变。这种显示方式称为静态显示。

（4）程序分析

静态显示程序比较简单，如果显示数据不发生变化，则只要向显示端口送一次数据即可。数码管静态显示参考程序如下：

```
1    #include"reg51.h"
2     code unsigned char disp_code[ ] = {0x3F, 0x06, 0x5B, 0x4F, 0x66, 0x6D, 0x7D,
     0x07,0x7F, 0x6F };            // 共阴极数码管字段码
3     void main()               //主程序
4     {   P2=disp_code[6];       //数码管显示 6
5     while(1);        }
```

程序中：

第 1 行使用了"#include"reg51.h""描述，与"#include<reg51.h>"表示是有区别的，这个是由 C 标准编译器在寻找该文件路径时的方法决定，如果有两个同名 reg51.h，但内容不同时，一定要注意；

第 2 行是数码管的显示数字的段码，能正确显示数字图案，电路一定要按照 P2.0—a、P2.1—b、P2.2—c、…、P2.6—g、P2.7—dp 的顺序接线。

（5）调试与说明

在 Proteus 仿真器件中 RN1 选择 RESPACK-8、数码管选择 7SEG-COM-CATHODE，调试的步骤参见前面的案例，仿真效果如图 2.33 所示。

（6）思考

① 程序中 while(1)；起什么作用？

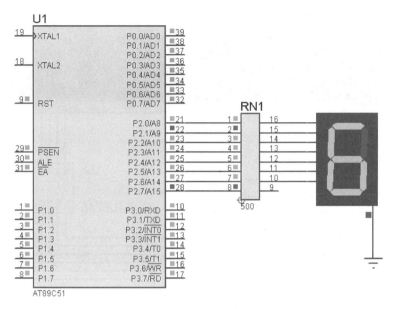

图 2.33　数码管静态显示仿真效果

② 若按照 P2.7—a 端、…、P2.0—dp 端顺序接线，数码管显示数字 0~9 的数据应该是什么？

2. 数码动态显示

（1）功能描述

在 8 位一体数码管上从左到右依次显示"12345678"。通过该案例掌握数码管动态显示技术的扫描原理和编程思路。

（2）仿真电路

8 位数码管动态显示仿真电路如图 2.34 所示，在图中使用 8 位一体的数码管，该类型数码管共有 16 个引脚，分别用来控制八位段码信号和八位位码信号。单片机的 P0 口通过限流电路 RN1 连接数码管的段信号，同时连接上拉电阻。单片机的 P3 口通过 74LS245 连接数码管的位信号。

（3）实现思路

图 2.34 中 8 个数码管的每个数码管的笔段同名相连，即a 连 a，b 连 b，…，并全部引出至 a、b、c、d、e、f、g 端，每个数码管的公共段分别引出至 1、2、3、4、5、6、7、8端。当控制芯片送字段码时，所有数码管都接收到，但能否在数码管上显示还要受到公共段的控制。

例如要显示八位字符"20100120"，假设 8 位 LED 动态显示器均为共阴极数码管。8位显示器的 8 个同名段连接在一起之后接入单片机的某一 I/O 口，因此当 I/O 口输出字段码时，8 位显示器显示字符是相同的，至于哪一位被驱动点亮，则取决于位选接口的输出情况。需要某一位数码管点亮时，对应的位选接口为 0，数码管点亮；其余位为 1，数码管关闭。轮流使位选接口为 0 就可以轮流点亮显示器，见表 2.10。

教学案例：
扩展动态数码显示

教学案例：
DS18B20 数字温度计使用

微课：
数码管动态显示

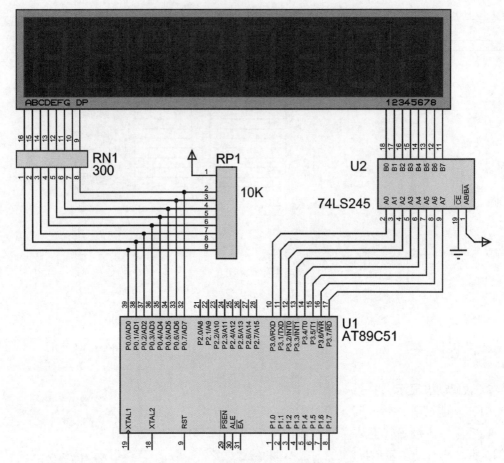

图 2.34　8 位数码管动态显示仿真电路

表 2.10　8 位动态共阴极数码管显示状态（例如：20100120）

位　码	字 段 码	显 示 状 态							
0xFE	0x3F								0
0xFD	0x5B							2	
0xFB	0x06						1		
0xF7	0x3F					0			
0xEF	0x3F				0				
0xDF	0x06			1					
0xBF	0x3F		0						
0x7F	0x5B	2							

（4）程序分析

数码管动态显示程序流程图如图 2.35 所示。在初始化时要对程序使用的变量定义和赋初值，动态显示是一位一位数码管点亮的，有 8 只数码管，所以需要 8 次循环，每次点亮一只，为了让眼睛看清楚数码管的图像数字，需对视觉有个停留，可以用延时函数实现，然后再换位码、换段码。在送段码前，先关闭位码，然后再送新段码和新位码。这是因为动态显示中的数码管是共享段码的，若送新段码，而位码没有变化，则在该位数码管上会先后显示两个数字图像，造成常说的重影或拖尾现象，数码管显示不清晰。同样，如果是先改变位码、后改变段码的编程，则需在改变位码前，将段码关闭。

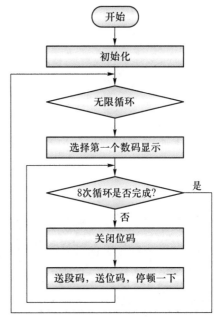

图 2.35 数码管动态显示程序流程图

数码管动态显示参考程序如下：

```
1    # include <reg51. h>
2    // 共阴极数码管字段码
3    code unsigned char dis_d[ ] ={0x3F, 0x06,
     0x5B, 0x4F, 0x66, 0x6D, 0x7D, 0x07,0x7F,
     0x6F };
4    // 共阴极数码管位码
5    code unsigned char dis_w[ ] ={0xFE, 0xFD,
     0xFB, 0xF7, 0xEF, 0xDF, 0xBF, 0x7F };
6
7    void Delay( )                    //延时
8    {
9        int mun = 500;
10       while( mun-- );
11   }
12
13   void main( )
14   { unsigned char i;
15       while( 1 )
16           {
17            for( i=0;i<8;i++)        //数码管显示 1~8
18                {
19                P3 = 0xFF;           //关闭位码
20                P0 = dis_d[ i+1];
21                P3 = dis_w[ i];
22                Delay( );
23                }
24           }
25   }
```

程序中：

第 5 行是数码管的位码，对于共阴极数码管，显然在每个位码中按照二进制形式，有且只有一个"0"；

第 19 行是为了在动态显示时，消除重影或拖尾效果；

第 22 行延时是让数码管的显示图案能对人眼有个刺激效果，而不是一晃看不清。这个延时时间要满足所有数码管显示一遍的周期不能超过 20 ms。

（5）调试与说明

在 Proteus 库中提供两类 8 位一体数码管，符号分别为 7SEG-MPX8-CA-BLUE 和 7SEG-MPX8-CC-BLUE。前者 CA 表示共阳极数码管，后者 CC 表示共阴极数码管。尽管两者是不同类型的，但是仅凭符号是无法区分的，所以在使用时要特别注意，防止混淆。BLUE 表示数码管是显示的蓝色。经程序运行仿真调试，显示效果如图 2.36 所示。

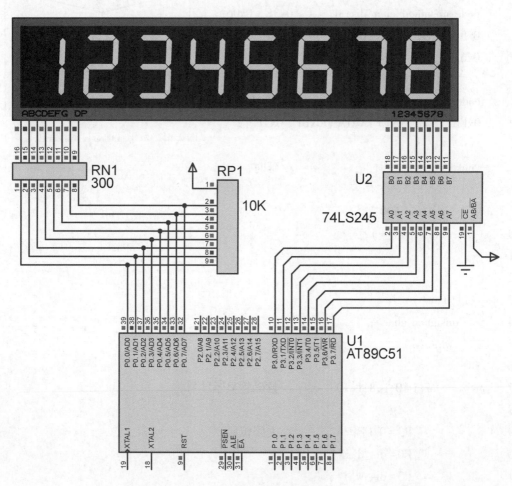

图 2.36 动态显示仿真效果

在仿真电路中有两个排阻，无公共端的排阻 RN1 的作用是限流，其取值根据数码管的参数确定，一般可选 300 Ω~1 kΩ；有公共端的排阻 RP1 是上拉电阻，其作用是驱动和减少电路噪声，一般取 5~10 kΩ。芯片 74LS245 起双向驱动缓冲作用，在本仿真电路中是位码驱动，增加驱动电流，该芯片在单元 6 的扩展章节中会详细描述。

（6）思考

为什么在送段码前，将位码全部送"关"的信息？若先送位码后送段码是否可以解决？

键盘接口的主要功能是识别键盘上所按的按键。使用专用的硬件进行识别的键盘称为编码键盘；使用软件进行识别的键盘称为非编码键盘，它具有结构简单、使用灵活等特点，因此被广泛应用于单片机系统中。

组成键盘的按键有触点（机械）式和非触点（电子）式两种，单片机中应用的一般是由机械触点构成的。在图 2.37 中，当开关 S 断开时，P1.0 输入为高电平；当开关 S 闭合时，P1.0 输入为低电平。由于按键是机械触点，当机械触点断开、闭合时，会有抖动，P1.0 输入端的波形如图 2.38 所示。这种机械抖动的时间至少是毫秒级，也就是会在电路上产生毫秒级的电平高低抖动，而单片机的处理速度是在微秒级，对于毫秒级的信号，单片机都可以读取到，所以对单片机而言，如果不做任何处理会产生误判，因此需要消除因按键的抖动现象引起的错误动作。

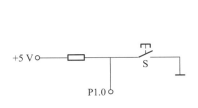

图 2.37 按键输入电路

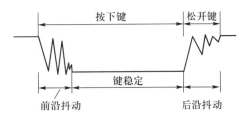

图 2.38 按键触点的机械抖动过程

如图 2.37 所示，为了使 CPU 能正确地读出 P1.0 口的状态，对每一次按键只作一次响应，就必须考虑如何去除抖动，常用的去抖动方法有硬件消抖和软件消抖两种。

硬件消抖又有 RC 滤波消抖和双稳态电路消抖，分别如图 2.39 和图 2.40 所示。

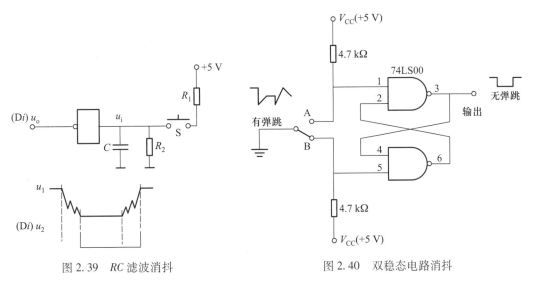

图 2.39 RC 滤波消抖

图 2.40 双稳态电路消抖

软件消抖就是检测出按键闭合后执行一个延时程序，产生 5~10 ms 的延时，让前沿抖动消失后再一次检测按键的状态，如果仍保持闭合状态电平，则确认为真正有按键按下。而在检测到按键释放后，再延时 5~10 ms，消除后沿的抖动，然后再对键值处理。不过一般情况下，通常不对按键释放的后沿进行处理，实践证明也能满足键值处理的要求。

微课：
独立按键

动画：
行列键盘

教学案例：
1. 4×4 keyBoard
2. 5 线扫描 25 按键

微课：
行列键盘

根据电路结构，按键可分为独立键盘和行列键盘两种形式。

独立键盘结构如图 2.41 所示。独立键盘的每一个按键的电路是独立的，其中每个按键都独立地占用一条 I/O 数据线，按键输入均采用低电平有效。上拉电阻保证了按键断开时，I/O 口线有确定的高电平。当 I/O 口线内部有上拉电阻时，外电路可不接上拉电阻。对于独立式键盘，一般采取逐条 I/O 口查询的方式来确定闭合按键的位置，即先逐位查询每根 I/O 口线的输入状态，如某一根 I/O 口线输入为低电平，则可确认该 I/O 口线所对应的按键已按下，然后再转向该按键的功能处理程序。

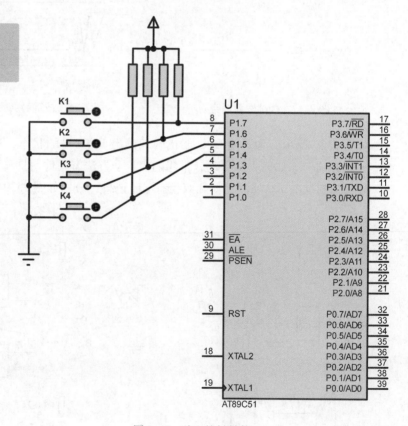

图 2.41　独立按键结构

行列键盘又称为矩阵键盘，行列键盘显然比独立键盘要复杂一些，识别也要复杂一些。它将I/O口线的一部分作为行线，另一部分作为列线，按键设置在行线和列线的交叉点上，每一个按键占用两条I/O数据线。如图2.42所示，行列键盘中，行、列线分别连接到按键开关的两端，行线通过上拉电阻接到+5 V上。当无按键按下时，行线处于高电平状态；当有按键按下时，行、列线将导通，此时，行线电平将由与此行线相连的列线电平决定。这是识别行列键盘按键是否按下的关键。

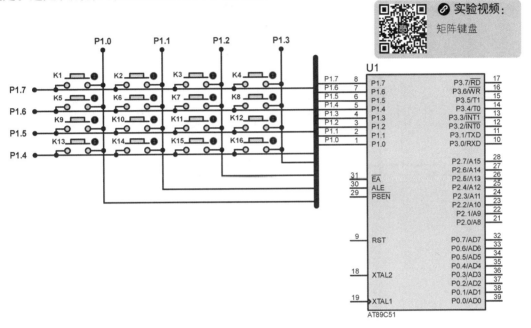

图 2.42　行列键盘结构

处理行列键盘常用两种方式：编码键盘和非编码键盘。编码键盘：本身带有实现接口功能所需的硬件电路，不仅能自动检测被按下的按键并完成去抖动防串键等功能，而且通过增加一些器件如 8279 等，能提供与被按键功能对应的键码（如 ASCII 码）送给 CPU。非编码键盘的行列键盘应用时直接和单片机的端口相连，如图 2.42 所示，行线、列线和多个按键相连，各按键按下与否均影响该按键所在行线和列线的电平，各按键之间相互影响。因此，必须将行线、列线信号配合起来作适当处理，才能确定闭合按键的物理位置。按键的位置由行号和列号唯一确定，通常可采用排列键号的方式对按键进行编码，并以查表（数组）或计算的方法来获取键值。

行列键盘接口结构如图2.41所示。在电路设计时要注意：作为输入的端口不能悬浮，输出的端口不能被其他控制强行拉高或低（OC 门有线与功能的除外）。

1. 独立按键识别

（1）功能描述

利用单片机 P1 口的两位识别两个按键。按键 1 每次按下计数值加 1，并将计数值显示在一位数码管上，按键 2 作用为计数清零，即按键 2 按下时，数码管清零。通过该案例了解单片机二进制位输入技术，学会按键识别编程。

（2）仿真电路

如图 2.43 所示，在电路中设计了两个按键，分别连接至单片机的 P1.1 口和 P1.3 口，单片机的 P2 口通过限流电阻 RN1 连接一位数码管。数码管使用的是共阴极数码管，且采用静态显示方式。

🔗 **教学课件：**

键值显示

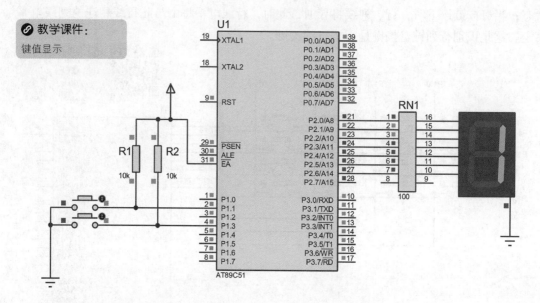

图 2.43　两个独立按键识别仿真电路

（3）实现思路

在程序设计中，可以使用 sbit 数据类型，它是单片机 C 语言中的一种扩充数据类型，利用它能访问芯片内部的 RAM 中的可寻址位或特殊功能寄存器中的可寻址位，如访问特殊功能寄存器中的某位。在案例中两个按键分别连接至单片机的 P1.1 口和 P1.3 口，采用如下语句：

sbit P1_1 = P1^1；

sbit P1_3 = P1^3；

定义两个 sbit 数据类型变量 P1_1 和 P1_3，分别指向单片机的 P1.1 口和 P1.3 口，从而可以通过读取变量 P1_1 和 P1_3 的值判断按键的状态。

（4）程序分析

在程序初始化里，主要是对需要用到的变量和输入/输出端口的初始化，在无限循环中需要判断按键按下、消抖、再判、识别键值、处理功能、判断按键抬起和显示的环节。

独立键盘识别程序流程图如图 2.44 所示。

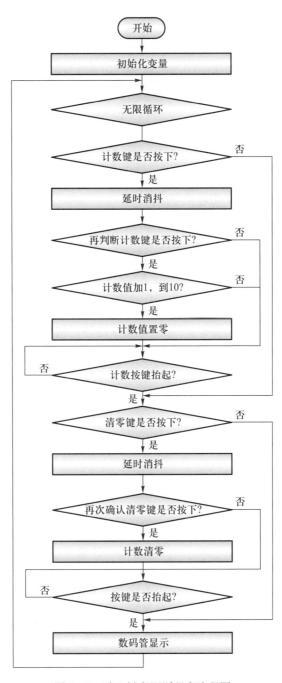

图 2.44 独立键盘识别程序流程图

独立键盘识别参考程序如下：

```
1    # include <REG51. h>                    //包含 51 单片机的特殊定义
2    code unsigned char did[ ] = {0x3F, 0x06, 0x5B, 0x4F, 0x66, 0x6D, 0x7D,0x07,0x7F,
     0x6F };                               // 共阴极数码管字段码
3    sbit P1_1 = P1^1;
4    sbit P1_3 = P1^3;
```

```
5
6    void Delay()    //延时
7    {
8      int mun=20;
9      while(mun--);
10   }
11
12   void main()                              //主程序
13   {
14   unsigned char num=0;                     //计数变量清零
15     while(1)                               //无限循环
16       {
17         if(!P1_1)                          //SP1 按键按下
18           {
19             Delay();                       //延时,消抖
20             if(!P1_1)                      //再判断 SP1
21               {
22                 if(++num==10) num=0;       //计数加一
23               }
24             while(!P1_1);                  //等待按键释放
25           }
26       if(!P1_3)                            //SP2 按键按下
27         {
28         Delay();                           //延时,消抖
29         if(!P1_3) num=0;                   //计数变量清零
30         while(!P1_3);                      //等待按键释放
31         }
32       P2=did[num];                         //计数值显示
33       }
34   }
```

程序中：

第 3 行和第 4 行使用了 sbit 这样的关键字，功能是定义二进制 8 位数中的某 1 位的方式，这样的使用只能是在 51 单片机里出现，C 语言里没有。程序中 P1^1 是指 P1 口中的".1"位；

第 17 行、第 20 行中的 if(!P1_1)是指 P1 口的".1"位是低电平逻辑为真，后面的第 26 行和第同理 29 行。

（5）调试与说明

本案例中使用的按键，在 Proteus 库中的名称为 BUTTON，如图 2.45 所示。在调试时注

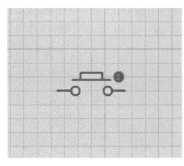

图 2.45　BUTTON 符号图

意，用鼠标单击按键有变动双箭头，每单击一次，按键在开与关之间切换。如果在按键的上方，按键此时的功能类似于微动开关，每单击一次，按键闭合再打开一次。

（6）思考

如果再增加一个独立按键，功能为计数减，硬件电路如何修改？程序如何修改？

2. 行列按键识别

（1）功能描述

编程实现单片机识别非编码矩阵键盘的按键并做相应的处理。了解并学会处理行列键盘的技术和程序设计方法。

（2）仿真电路

仿真电路主要由单片机、8 位一体数码管以及矩阵键盘组成。其中矩阵键盘使用 Proteus 库中模块 KEYPAD-SMALLCALC。矩阵键盘的行和列连接至单片机 P3 口。8 位一体数码管的段信号和位信号分别由单片机 P0 和 P2 口控制。行列键盘识别仿真电路如图 2.46 所示。

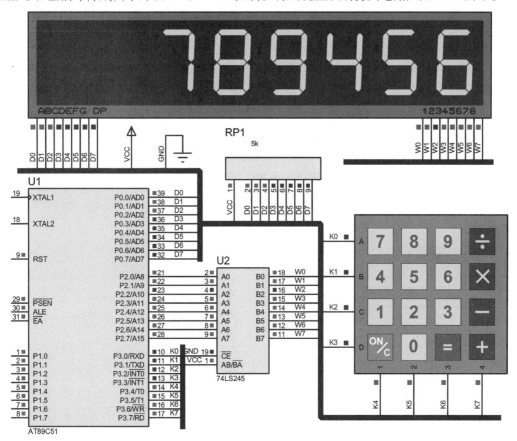

图 2.46　行列键盘识别仿真电路

（3）实现思路

采用非编码的行列键盘，在程序设计中，首先要考虑识别按键并将按键的值显示在数码管最后一位上。在程序中定义两个数组 DM_code 和 key_c，分别用于保存共阴极数码管的段码和按键的闭合键码表。其中闭合键码表的作用是用于确定按键，每一个按键的键码表是唯一的，也正是利用这一点才能找到具体的键号。例如，键码表中的第一个元素0xD7，转换成二进制为 11010111（P3.7P3.6……P3.0），对应的按键就是 k5 列和 k3 行交叉的按键。

非编码行列键盘识别可以采用逐列扫描法和反转法：逐列扫描法是指将与按键连接的 I/O 口的一半作为输出端，一列一列送低电平，另一半作为输入回读信号，读不到低电平，则换列送低电平，再回读输入信号，一直读到低电平，将此时的输出端低电平的端口位置和读到的低电平的端口位置编码，根据唯一性，确定键值；反转法是指将与按键连接的 I/O 口的一半输出全部送低电平，另一半作为输入回读电平信号并记录，然后原输出的改输入，原输入的改输出（全部送低电平），将两次输入的电平值汇总，得到两次的低电平的位置，根据唯一性，确定键值。

行列键盘电路图中，用单片机的 P3 口连接 16 个按键，即 8 个 I/O 口连接按键，我们可以分为高 4 位和低 4 位的处理方式完成输入/输出的对应端口。

简单的显示按键是在一个数码管上显示键值，但实际上会要求键值能根据先后按下的顺序依次在所有数码管上按序排列显示，即程序需要根据按键的键值和显示的位置调整。

（4）程序分析

程序设计分为五个部分：主函数、按键总判子函数、识别具体按键的子函数、延时和显示子函数。按键总判子函数的作用是提高单片机识别按键的效率，只是总体上识别有按键按下与否，并不能识别到具体键值。

这些子函数通过主函数按照逻辑需要，先后发挥功能作用。下面给出主函数、按键总判子函数、识别具体按键的子函数（逐行扫描查询法）和识别具体按键的子函数（反转法）的流程图，具体的实现程序也提供给大家，方便对照学习。

主函数流程图如图 2.47 所示。

按键总判子函数流程图如图 2.48 所示。

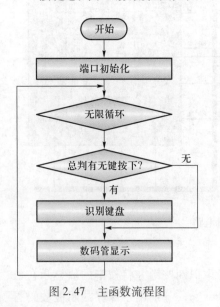

图 2.47　主函数流程图

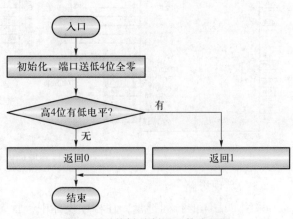

图 2.48　按键总判子函数流程图

识别具体按键的子函数（反转法）如图 2.49 所示。

识别具体按键的子函数（逐行扫描查询法）如图 2.50 所示。

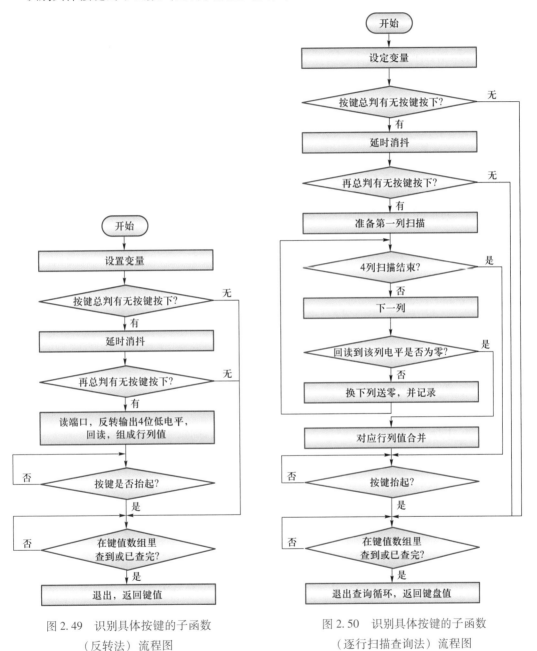

图 2.49 识别具体按键的子函数（反转法）流程图

图 2.50 识别具体按键的子函数（逐行扫描查询法）流程图

识别具体按键的子函数参考程序如下：

```
1    #include<reg51.h>
2    #define uchar unsigned char
3    //0~9字符码表及符号
4    uchar code DM_code[] =
5    {0x3F,0x06,0x5B,0x4F,0x66,0x6D,0x7D,0x07,0x7F,0x6F,0x77,0x7C,0x39,0x5E,
```

```
                    0x79,0x71,0x40};              //"0"…"F"和"-"的段码
6      //闭合键码表
7      uchar code key_c[ ] =
8      {0xD7,0xEB,0xdB,0xBB,0xEd,0xDD,0xBD,0xEE,0xDE,0xBE,0xE7,0xB7,0x77,
       0x7B,0x7D,0x7E};
9      uchar key = 0;
10     bit   Keytest( );                //总判有无按键按下
11     void GetKeyNum( );               //获得具体键值
12
13     void delayms( )                  //延时,也可用定时器完成
14     {
15        unsigned int t = 100;
16        while(t--);
17     }
18
19     void main( )                     //主函数
20     {
21        while(1)
22          {
23            if(Keytest( )) GetKeyNum( );//获取键值
24            P0 = disbuf[key];          //送段码
25            P2 = 0xFE;                 //显示键值,固定 1 位数码管显示
26          }
27     }
28
29     bit Keytest( )                   //总判是否有按键按下? 有按键按下,返回1,否则 0
30     {
31     uchar temp;
32     P3 = 0xF0;                        //输出低 4 位全低电平
33     temp = P3;                        //读入按键信号
34     temp& = 0xF0;                     //去掉输出的低 4 位信号
35     if( temp = = 0xF0) return 0;      //无按键按下,返回 0
36     else return 1;                    //有按键按下,返回 1
37     }
38
39     void GetKeyNum( )                //求键号,反转法
40     {
41     uchar k,n,i;
```

```
42      if(Keytest( ))                    //是否有按键按下? 送 P3 口低 4 位低电平
43          {
44          delayms( );                   //消除键盘抖动,延时
45          if(Keytest( ))                //再次是否有按键按下?
46              {
47              k = P3&0xF0;              //保留高 4 位状态
48              P3 = 0xFF;                //送 P3 口高 4 位低电平
49              P3 = 0x0F;
50              delayms( );
51              n = P3&0x0F;              //读 P3 口状态,保留低 4 位状态
52              k = k | n;               //k 为组合键值
53              }
54          P3 = 0xFF; P3 = 0xF0;
55          while(Keytest( ));            //按键释放
56          for(i = 0;i<16;i++)
57          if(k == key_c[i])            //搜索与闭合键码相同的编码,获得键号
58                  key = DM_code[i];    //显示段码
59          }
60      }
```

程序中:

第 10 行、第 11 行是两个函数的声明,在 C51 语言里也要满足先定义或声明后使用的原则;

第 23 行是先调用总判函数,若返回真则调用查键值的函数,这样的写法是比较常用的方式;

第 52 行由于 k 的低 4 位全为零,n 的高 4 位全为零,所以在做 k = k | n 时和 k = k+n 效果一致;

第 54 行是将 P3 口的高 4 位转输入状态、低 4 位转输出状态,低 4 位输出全零;

第 56、57、58 行是在键码数组找匹配的值,即查询键盘序号,i 就是键盘序号,找到后应该退出,但由于数组里只有一个值与之对应,所以找到后即使没有退出,i 的值也不会发生变化。

若采用逐列扫描法,则只要将 void GetKeyNum( )函数重写即可,参考程序如下。

```
1      void GetKeyNum( )                  //求键号,逐列扫描法
2      {  uchar i,j = 1,k;
3          if(Keytest( ))                //是否有按键按下?
4              {      delay5ms( );        //消除键盘抖动,延时
5              if(Keytest( ))            //再次判断是否有按键按下?
6                  {      j = 0x10;       //列线送扫描初始值
7                  for(i = 0;i<4;i++)    //列线扫描四次
```

```
8          ｛ P1 = ~j;           //扫描值送 P1 口
9               k = P1;           //读 P1 口状态
10            k = k&0x0F;          //k 中保留低 4 位,高 4 位是输入
11         if(k!=0x0F)  break;     //如 k 不等于 0x0F,则行线有低输入,退出
12         j=j<<1;               //j 指向下一列,即换一列扫描
13              ｝
14        k = k+( ~j&0xF0);        //合成闭合键码
15          ｝
16      while(Keytest( ));          //按键释放
17      ｝
18      for(i=0;i<16;i++)
19      if( k = =key_c[i])          //搜索与闭合键码相同的编码,获得键号
20           key = DM_code[i];
21      ｝
```

程序中：

和反转法的区别主要在第 6 行到第 13 行。第 7 行指明需要 4 次循环（矩阵有 4 行 4 列），第 12 行则是将 j 中"1"的位置移动，但注意第 8 行 P1 = ~j，实际上是将零的位置移动后送到端口。

以上的程序是实现按键只在 1 位数码管上显示，下面的程序是实现在 8 位一体数码管上同时显示 8 个按键号，超过 8 个按键不显示，最多只能显示 8 个。

程序由 5 部分构成：主函数 main( )、按键总判子函数 Keytest( )、显示子函数 display( )、采用反转法获得具体按键的子函数 GetKeyNum( )、延时子函数 delayms( )。与前面的程序相比，只要修改显示部分和按键识别部分即可。在显示部分，数码管显示的位数与按键按下的个数有关，由于只有 8 个数码管，当按下的按键个数大于 8 个按键时，则只显示 8 位，显示子函数 display( )、获得具体按键的子函数 void GetKeyNum( )中的 j 是处理键盘个数和显示位数的，数组 disbuf[ ]是存储按键对应的显示段码的。

8 位一体数码管同时显示 8 个按键号的参考程序如下：

```
1      #include<reg51.h>
2      #define uchar unsigned char
3      //0~9 字符码表及符号
4      uchar code DM_code[ ] = ｛0x3F,0x06,0x5B,0x4F,0x66,0x6D,0x7D,0x07,0x7F,
       0x6F,0x77,0x7C,0x39,0x5E,0x79,0x71,0x40｝;
5      //闭合键码表
6      uchar code key_c[ ] = ｛0xD7,0xEB,0xdB,0xBB,0xEd,0xDD,0xBD,0xEE,0xDE,
       0xBE,0xE7,0xB7,0x77,0x7B,0x7D,0x7E｝;
7      uchar code WM_code[ ] =｛0x7F,0xBF,0xDF,0xEF,0xF7,0xFB,0xFD,0xFE｝;   //8 位
       数码位码表
8      uchar disbuf[8] =｛0｝;           //8 位数码段码缓冲单元
```

```
9    uchar j=0;                    //显示位数
10   bit  Keytest();               //总判有无按键按下
11   void display();               //数码显示
12   void GetKeyNum();             //获得具体键值
13
14   void delayms()                //延时,也可用定时器完成
15   {
16   unsigned int t=100;
17   while(t--);
18   }
19
20   void main()                   //主函数
21   {
22     P2=0xFF;                    //关全部显示
23     while(1)
24        {
25      if(Keytest()) GetKeyNum();//获取键值
26        display();               //显示键值
27        }
28   }
29
30   void display()                //8位动态显示程序
31   {
32     uchar i;
33     for(i=0;i<j;i++)            //显示的位数由按键按下的次数j确定
34        {
35      P2=0xFF;                   //关全部显示
36     P0=disbuf[j-1-i];  //送段码,段码优先的在前面显示,注意对应显示位置
37     P2=WM_code[i];             //送位码
38     delayms();                 //延时
39        }
40   }
41
42    bit Keytest()                //是否有按键按下? 有按键按下,返回1,否则0
43    {
44     uchar temp;
45     P3=0xF0;                    //输出低4位全低电平
46     temp=P3;                    //读入按键信号
```

```
47      temp& = 0xF0;                    //去掉输出信号
48      if( temp = = 0xF0) return 0;     //无按键按下,返回 0
49       else return 1;                  //有按键按下,返回 1
50       }
51
52      void GetKeyNum( )                //求键号,反转法
53       {
54      uchar k,n,i;
55       if( Keytest( ) )                //是否有按键按下? 送 P3 口低 4 位低电平
56         {
57      delayms( );                      //消除键盘抖动,延时
58      if( Keytest( ) )                 //再次判定是否有按键按下?
59            {
60         k = P3&0xF0;                  //保留高 4 位状态
61         P3 = 0xFF;                    //送 P3 口高 4 位低电平
62         P3 = 0x0F;
63         delayms( );
64         n = P3&0x0F;                  //读 P3 口状态,保留低 4 位状态
65         k = k | n;                    //k 为组合键值
66            }
67         P3 = 0xFF; P3 = 0xF0;
68         while( Keytest( ) );          //按键释放
69        for( i = 0;i<16;i++)
70          if( k = = key_c[i] )         //搜索与闭合键码相同的编码,获得键号
71             disbuf[j] = DM_code[i];
72        if( ++j>=8)j=8;                //超过 8 个按键不显示,只能显示 8 个值
73            }
74       }
```

程序中:

第 30~40 行是数码管显示,其中第 33 行 for(i=0;i<j;i++)表明显示数码管的位数由 j 确定,第 36 行 P0 = disbuf[j-1-i]则是根据 j 和 i 的变化先后调用按键的段码,实现最后按下的按键是最后一个显示,而其他的按键按照先后按下的顺序在数码管上按序显示;

第 71 行是将查到的键判序号对应的显示段码按照先后顺序放到显示缓冲数组里（由变量 j 决定位置）;

第 72 行指明按键的顺序,即 j 指明的,由于只有 8 个数码管显示,所以只能加到 8 为止。

（5）调试与说明

在前面案例分析中已经提及,连线红色的点代表高电平,蓝色的点代表低电平,从

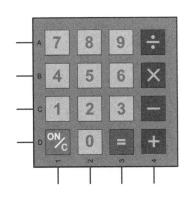

图 2.51 KEYPAD-SMALLCALC 符号图

图 2.46 中数码管位选信号线上的颜色点可以得知，除了第 3 位为低电平，其余都为高电平，再结合数码管动态扫描显示原理可以知道 8 位一体数码管为共阴极数码管。另外，在 Proteus 库中提供的矩阵键盘模块有四类，根据要求我们选用的是 KEYPAD-SMALLCALC 类型，如图 2.51 所示。

本例也可以用 BUTTON 组合成行列键盘，效果相同。

（6）思考

在行列键盘识别程序中对于行和列信号的送和读是否可以互换？为什么？

2.4.5　8×8 LED 点阵显示屏

最常见的 LED 点阵显示模块有 5×7、7×9、8×8 结构，前两种主要用于显示各种西文字符，后一种可多模块组合用于汉字、图形的显示，并且可组建大型电子显示屏。下面主要介绍 8×8 点阵的显示原理。

8×8 LED 点阵等效电路图如图 2.52 所示，Y7~Y0 为行线，X7~X0 为列线。从图 2.52 中可以看出，8×8 点阵共由 64 只发光二极管组成，且每只发光二极管放置在行线和列线的交叉点上，当对应的某一行（Y 端）置 1 电平，某一列（X 端）置 0 电平，则对应的发光二极管就点亮。若要使一列点亮，则对应的列（X端）置 0，而行（Y 端）则采用扫描依次输出 1 来实现；若要使一行点亮，则对应的行（Y 端）置 1，而列（X 端）则采用扫描输出 0 来实现。

教学课件：LED 点阵屏控制

教学案例：8×8 LED

实验视频：矩阵 LED（点阵）应用实验

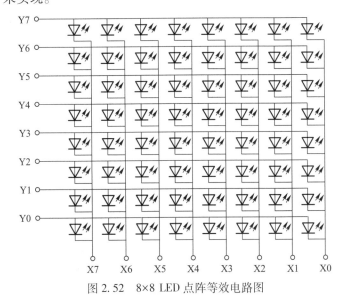

图 2.52　8×8 LED 点阵等效电路图

对于单个 8×8 LED 点阵，其驱动要求十分简单，完全可以使用单片机的 I/O 口直接驱动，其显示原理图如图 2.53 所示，P0 口接 LED 点阵的阳极，由于 P0 口没有上拉能力，所以采用排阻上接电源提供上拉电流，用 P2 口接 LED 点阵的阴极。

也可以采用触发器或锁存器等器件对数据进行隔离驱动，这种方式既能增强驱动能力，也能使单片机 I/O 口在不驱动 LED 点阵时空闲出来作为它用。由图 2.52 可以知道，每行上的 LED 一端连在一起，共用一个 I/O 口线，分别是 Y0~Y7；每列上的 LED 一端连在一起，也是共用一个 I/O 口线，分别是 X0~X7。

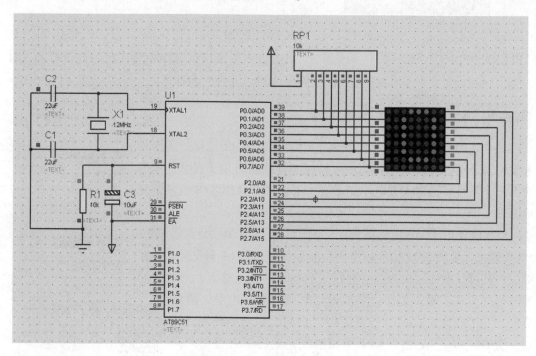

图 2.53　单个字符显示原理图

为了分析点阵字符的显示方法，首先看点阵字符 0~9 显示代码是如何形成的。如图 2.54 所示，由 8 行 8 列构成数字 0 的图形，其中要显示的点用二进制位 1 表示，不显示的点用二进制位 0 表示。每列构成一个字节，从左到右各列的数值用十六进制表示为：00H，00H，3EH，41H，41H，41H，3EH，00H。同理，可以建立数字 1~9 的代码，见表 2.11。

图 2.54　数字 0 的 8×8 点阵示意图

表 2.11　数字 0~9 的 8×8 点阵数值

数　字	8×8 点阵数值
0	00H，00H，3EH，41H，41H，41H，3EH，00H
1	00H，00H，00H，00H，21H，7FH，01H，00H
2	00H，00H，27H，45H，45H，45H，39H，00H

续表

数　字	8×8 点阵数值
3	00H, 00H, 22H, 49H, 49H, 49H, 36H, 00H
4	00H, 00H, 0CH, 14H, 24H, 7FH, 04H, 00H
5	00H, 00H, 72H, 51H, 51H, 51H, 4EH, 00H
6	00H, 00H, 3EH, 49H, 49H, 49H, 26H, 00H
7	00H, 00H, 40H, 40H, 40H, 4FH, 70H, 00H
8	00H, 00H, 36H, 49H, 49H, 49H, 36H, 00H
9	00H, 00H, 32H, 49H, 49H, 49H, 3EH, 00H

其他的字符和汉字的代码可以从计算机显示字库中获得，也可以用软件转换而来。对于特殊符号或图案，可先绘出图形后再根据图形写出对应的代码。

要显示数字 0~9，但一个 8×8 点阵在同一时间只能显示其中一个数字，作为演示程序，可设定每隔 1 s 变换一个显示数字，即每个数字将连续显示 1 s，然后再换为下一个数字显示。

（1）功能描述

在 8×8 LED 点阵屏上动态显示数字 0~9。通过该案例掌握数组的应用方法与编程技巧。

（2）仿真电路

8×8 LED 点阵显示屏仿真电路如图 2.55 所示，主要由单片机和 8×8 点阵屏显示，点阵屏的列信号 C7~C0 连接至单片机的 P2 口，行信号 R7~R0 通过 74LS245 连接至单片机的 P0 口。其中 8×8 点阵屏调用 Proteus 库中的 MATRIX-8×8-GREEN 模块。

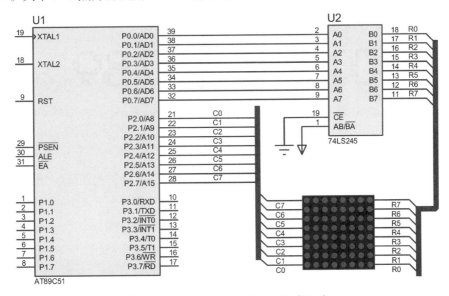

图 2.55　8×8 LED 点阵显示屏仿真电路

（3）实现思路

要在 8×8 的 LED 点阵上显示一个字符，由于点阵引线的公共端是连接在一起的，所以不能同时将这些 LED 都加以控制。只能按行或者按列分别控制显示，以小于人眼视觉暂留时间重复显示，要求一次显示过程小于 20 ms，显示一列（或一行）的时间小于 3 ms。而具体的显示过程与数码管的动态显示过程相似，以按列显示为例，首先显示一列，延迟一段时间，再显示下一列，再延迟……直到显示完全部列后再重复进行显示。具体来说，在图 2.55 所示电路中，由于 P0 是行控制码，P2 是列控制码，按列进行显示时，需将各行 LED 亮暗情况所得到的数码送到 P0 口，然后再将列显示的列控制码送到 P2 口，如显示字符 0 时，显示过程如下：

首先在 P0 口送出第一个行控制码 00H，在 P2 口送出一个列控制码 01111111；

再在 P0 口送出第二个行控制码 00H，在 P2 口送出一个列控制码 10111111；

再在 P0 口送出第三个行控制码 3EH，在 P2 口送出一个列控制码 11011111；

再在 P0 口送出第四个行控制码 41H，在 P2 口送出一个列控制码 11101111；

……

送完 8 个行控制码和 8 个列控制码，这样一个 0 字就显示了一遍，接着再重复上述显示过程。

很多场合，在 LED 点阵屏上要显示较多的信息，经常会采用走马灯设计方案，下面介绍一种简单的编程思路。

我们把显示的信息按照图片排列，如图 2.56 所示，如果图中的方框是我们显示的窗口，显然，当窗口在图片上位置发生变化时，我们看到的是图片在运动。按照这个思路，可以把图片产生的点阵信息码存放在指定的数组里，显示的窗口不可能发生物理位置上的移动，但在显示窗口的图像数据可以变化的读取，也就是送入窗口显示的数据的首列在不断的移动，这个首列是在指定图像数组里的数据，首列移动一次就是读取数组里的元素序号加或减一，分别取出完整的 8 列显示，然后再移动首列再取 8 列，根据相对运动的概念，就会出现图片在移动。

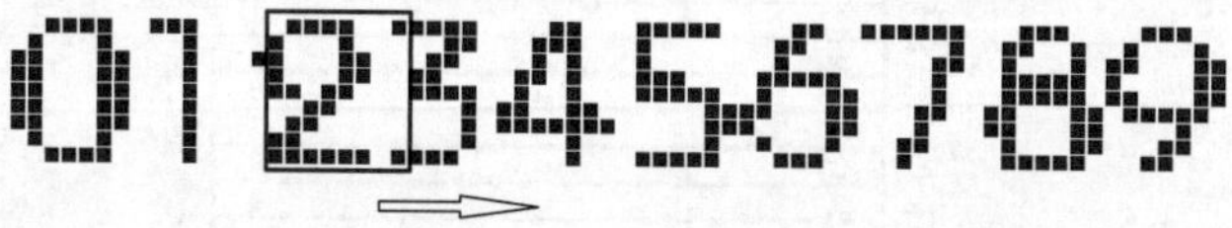

图 2.56 走马灯设计方案思路

（4）程序设计

在 8×8 LED 点阵显示屏上显示 1 个字符或数字的程序流程图如图 2.57 所示，其中数组 table 的内容决定了点阵显示屏上显示的内容，设计者根据要显示的内容确定数组 table 的内容即可。

1 个字符或数字显示参考程序如下：

```
1    #include "reg51.h"               //包含头文件
2    #define uchar unsigned char
3    #define uint unsigned int
4    uchar code table[8]={0x00,0x00,0x3E,0x41,0x41,0x41,0x3E,0x00};  //0
5
```

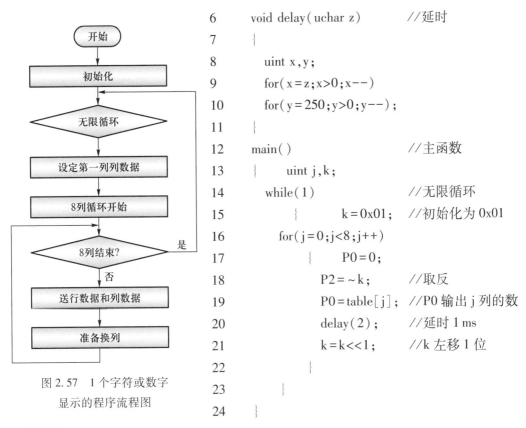

图 2.57 1 个字符或数字
显示的程序流程图

```
6      void delay(uchar z)           //延时
7      {
8          uint x,y;
9          for(x=z;x>0;x--)
10         for(y=250;y>0;y--);
11     }
12     main()                        //主函数
13     {    uint j,k;
14         while(1)                   //无限循环
15         {        k=0x01;           //初始化为 0x01
16         for(j=0;j<8;j++)
17             {    P0=0;
18             P2=~k;                 //取反
19             P0=table[j];           //P0 输出 j 列的数
20             delay(2);              //延时 1 ms
21             k=k<<1;                //k 左移 1 位
22             }
23         }
24     }
```

程序中:

第 4 行是在 8×8 LED 点阵显示屏上显示 0 这个图像对应的笔画码,即由 8×8 个发光二极管对应 8×8 个二进制数,若用 1 个字节 8 位对应,则需要 8 个字节;

第 15~22 行,是将 64 个二进制数送到 P0 口,一次送 8 位,共送 8 次。

在以上程序的基础上进行拓展,要求在 8×8 点阵显示屏上循环显示 0~9。在程序设计中,主程序中用到了三层 for 循环,最内层的循环完成显示数字的一次扫描,中间的循环设定的循环次数是 40 次,作用是为了保证每个字符的稳定显示效果,最外层的循环作用是切换显示内容。

8×8 LED 点阵显示屏循环显示数字 0~9 流程图如图 2.58 所示。

8×8 LED 点阵显示屏循环显示数字 0~9 参考程序如下:

```
/*用 8×8 LED 点阵显示屏显示数字 0~9  */
1      #include "reg51.h"            //包含头文件
2      #define uchar unsigned char
3      #define uint unsigned int
4      uchar code table[10][8]={
5      {0x00,0x00,0x3E,0x41,0x41,0x41,0x3E,0x00}, //0
6      {0x00,0x00,0x00,0x00,0x21,0x7F,0x01,0x00}, //1
7      {0x00,0x00,0x26,0x49,0x49,0x49,0x31,0x00}, //2
8      {0x00,0x00,0x22,0x49,0x49,0x49,0x36,0x00}, //3
```

```
9        {0x00,0x00,0x0C,0x14,0x24,0x7F,0x04,0x00},  //4
10       {0x00,0x00,0x72,0x51,0x51,0x51,0x4E,0x00},  //5
11       {0x00,0x00,0x3E,0x49,0x49,0x49,0x26,0x00},  //6
12       {0x00,0x00,0x40,0x40,0x40,0x4F,0x70,0x00},  //7
13       {0x00,0x00,0x36,0x49,0x49,0x49,0x36,0x00},  //8
14       {0x00,0x00,0x32,0x49,0x49,0x49,0x3E,0x00}   //9
15       };
16
17       void delay(uchar z)                //延时
18       {
19         uint x,y;
20         for(x=z;x>0;x--)
21           for(y=250;y>0;y--);
22       }
23
24       main()                             //主函数
25       {
26       uint i,j,k,m;
27         while(1)                         //无限循环
28           {
29           for(i=0;i<10;i++)              //二维数组的行循环,显示10个数
30             {
31             for(m=0;m<40;m++)            //每个数连续显示40遍
32               { k=0x01;                  //初始化为0x01
33               for(j=0;j<8;j++)           //二维数组的列循环
34                 {
35                 P0=0;
36                 P2=~k;                   //取反
37                 P0=table[i][j];          //P0输出i行j列的数
38                 delay(2);                //延时1 ms
39                 k=k<<1;                  //k左移1位
40                 }
41               }
42             }
43           }
```

程序中：

第4~15行是一个二维数组，存放0~9的10个数字图案、每个图案是8个8位的图案数据；

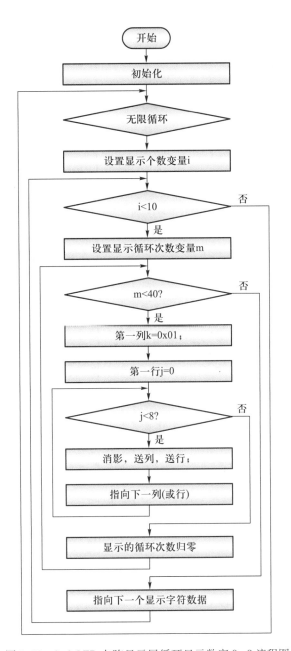

图 2.58　8×8 LED 点阵显示屏循环显示数字 0~9 流程图

第 29 行是 10 个数字图案循环显示；

第 31 行是每个图案连续显示 40 遍，目的是让眼睛看清，大家可以改变 40 这个数，看看发生什么变化；

第 33 行是一个图案的 8 列循环输出；

第 37 行是根据第 i 个数字图案送其第 j 列的 8 位数据到端口。

下面的程序完成的功能是在 8×8 点阵显示屏上跑马灯显示数字 0~9，在程序中定义一个一维数组 table，该一维数组保存的是数字 0~9 的段码。

跑马灯显示数字 0~9 流程图如图 2.59 所示。

跑马灯显示数字 0~9 参考程序如下：

```
/* 跑马灯显示数字 0~9 */
1    #include "reg51.h"       //包含头文件
2    #include<intrins.h>
3    #define uchar unsigned char
4    #define uint unsigned int
5    #define  n    10
6    uchar code table[ ] = {
7    0x00,0x00,0x3E,0x41,0x41,0x41,0x3E,
     0x00, //0
8    0x00,0x00,0x00,0x00,0x21,0x7F,0x01,
     0x00, //1
9    0x00,0x00,0x26,0x49,0x49,0x49,0x31,
     0x00, //2
10   0x00,0x00,0x22,0x49,0x49,0x49,0x36,
     0x00, //3
11   0x00,0x00,0x0C,0x14,0x24,0x7F,0x04,
     0x00, //4
12   0x00,0x00,0x72,0x51,0x51,0x51,0x4E,
     0x00, //5
13   0x00,0x00,0x3E,0x49,0x49,0x49,0x26,
     0x00, //6
14   0x00,0x00,0x40,0x40,0x40,0x4F,0x70,
     0x00, //7
15   0x00,0x00,0x36,0x49,0x49,0x49,0x36,
     0x00, //8
16   0x00,0x00,0x32,0x49,0x49,0x49,0x3E,
     0x00  //9
17   };
18
19   void delay(uchar z)       //延时
20   {  uint x,y;
21     for(x=z;x>0;x--)
22       for(y=250;y>0;y--);
23   }
24
25   main( )
26   {  uint t,k;
```

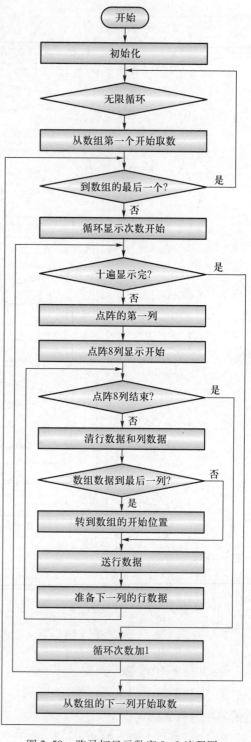

图 2.59　跑马灯显示数字 0~9 流程图

```
27          uchar i,j,m;
28          while(1)
29          {   for(k=0;k<8*n;k++)          //n 是确定显示的个数
30              {   for(m=0;m<10;m++)
31                  {   j=0x01;
32                  for(i=0;i<8;i++)
33                      {
34                      P0=0;
35                      P2=~j;
36                      if((t=i+k)>=8*n)   t=i+k-8*n;
37                      P0=table[t];
38                      j=_crol_(j,0x01);
39                  delay(2);
40                      }
41                  }
42              }
43          }
44      }
```

程序中:

第 5 行定义了显示的 8×8 图案个数,本处定义了显示 10 个图案,分别是 0~9 的数字图案;

第 6~17 行将这 10 个 8×8 图案的点阵显示数据存储在一维数组中,便于走马灯显示;

第 29 行确定在点阵数组里需要取的最后位置;

第 30 行同一幅图案循环显示的次数,与走马灯的快慢有关;

第 32 行指明 8 列送数;

第 36 行走马灯取数到指定位置的最后一个,则回到数组的开始位置;

第 37 行送行显示 8 位数据;

第 38 行循环移位列信号。

(5) 调试与说明

8×8 LED 点阵显示屏在 Proteus 库中的名称为 MATRIX-8×8-?,后面的"?"表示颜色,共有四种颜色可选,如图 2.60 所示。在本案例调试的过程中,最重要的是必须找到 MATRIX-8×8-? 的行和列信号端口,从图 2.60 中可以看到,库中调出的点阵显示屏,上面有 8 个引脚,下面有 8 个引脚,如何区分?建议编写测试程序,找到行列信号端,也进一步掌握 8×8 LED 点阵显示屏的扫描原理。

(6) 思考

在跑马灯显示数字 0~9 程序中,语句 if((t=i+k)>=8*n)   t=i+k-8*n 有什么作用,试一下如果去掉对显示效果有什么影响?

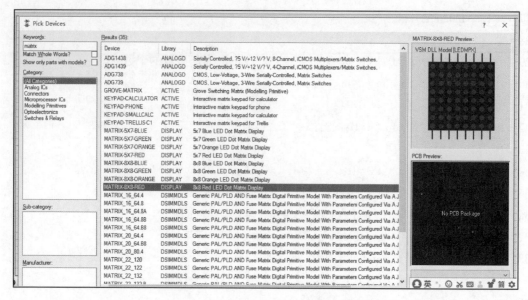

图 2.60　Proteus 库中 8×8 点阵显示屏选择

2.4.6　LCD 液晶显示

液晶显示器（LCD，liquid crystal display）具有省电、体积小、抗干扰能力强等优点，LCD 显示器分为字段型、字符型和点阵图形型。

● 字段型。以长条状组成字符显示，主要用于显示数字，也可用于显示西文字母或某些字符，广泛用于电子表、计算器、数字仪表中。

● 字符型。专门用于显示字母、数字、符号等。一个字符由 5×7 或 5×10 的点阵组成，在单片机系统中已广泛使用。

● 点阵图形型。用于显示图形，广泛用于笔记本计算机、彩色电视和游戏机等中。它是在平板上排列的多行列的矩阵式的晶格点，点大小与多少决定了显示的清晰度。

单片机系统中常用字符型液晶显示器。由于 LCD 显示面板较为脆弱，厂商已将 LCD 控制器、驱动器、RAM、ROM 和液晶显示器用 PCB 连接到一起，称为液晶显示模块（LCM，LCD module），用户只需购买现成的液晶显示模块即可。单片机只需向 LCD 显示模块写入相应命令和数据就可显示需要的内容。

字符型 LCD 模块常用的有 16 字×1 行、16 字×2 行、20 字×2 行、20 字×4 行等模块，型号常用×××1602、×××1604、×××2002、×××2004 来表示，其中×××为商标名称，16 代表液晶显示器每行可显示 16 个字符，02 表示显示 2 行。LCD1602 内部具有字符库 ROM（CGROM），能显示出 192 个字符（5×7 点阵）。

1. 字符型液晶显示模块 LCD1602 特性与引脚

LCD1602 工作电压为 4.5~5.5 V，典型工作电压为 5 V，工作电流为 2 mA；显示容量为 16×2 个字符，字符尺寸为 2.95 mm×4.35 mm（宽×高）。标准的 14 引脚（无背光）或 16 引脚（有背光）的 LCD1602 外形及引脚分布，如图 2.61 所示。

引脚包括 8 条数据线、3 条控制线和 3 条电源线，见表 2.12。通过单片机向模块写入命令和数据，就可对显示方式和显示内容做出选择。

(a) LCD 1602 的外形

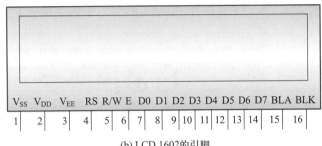

(b) LCD 1602 的引脚

图 2.61　LCD1602 外形及引脚

表 2.12　LCD1602 引脚接口

编　号	符　号	引脚说明
1	V_{SS}	电源地
2	V_{DD}	+5 V 电源正极
3	V_{EE}	液晶显示偏压（显示对比度）
4	RS	数据/命令选择（1 数据寄存器；0 命令寄存器）
5	R/W	读/写选择（1 读；0 写）
6	E	使能信号
7~14	D0~D7	数据总线，与单片机的数据总线连接，具备高阻
15	BLA	背光源正极，若接地，则无背光
16	BLK	背光源负极

　　LCD1602 与单片机的连接方式有两种：一种是直接控制方式，另一种是所谓的间接控制方式。它们的区别只是所用的数据线的数量不同，其他都一样。

　　（1）直接控制方式

　　LCD1602 的 8 根数据线 D0~D7 和 3 根控制线 E，RS 和 R/W 与单片机相连后即可正常工作。一般应用中只需往 LCD1602 中写入命令和数据，因此，可将 LCD1602 的 R/W 端直接接地，这样可节省 1 根数据线。V_{EE}引脚是液晶对比度调整端，通常连接一个 $10\,k\Omega$ 的电位器即可实现对比度的调整；也可采用将一个适当大小的电阻从该引脚接地的方法进行调整，不过电阻的大小应通过调试决定。

　　（2）间接控制方式

　　间接控制方式也称为四线制工作方式，是利用 HD44780 所具有的 4 位数据总线的功能，将电路接口简化的一种方式。为了减少接线数量，只采用引脚 D4~D7 与单片机进行通信，先传数据或命令的高 4 位，再传低 4 位。采用四线并口通信，可以减少对微控制器 I/O 口的需求。当设计产品过程中单片机的 I/O 口资源紧张时，可以考虑使用此方法。

　　2. LCD1602 ROM 字符库的内容

　　ROM 字符库如图 2.62 所示，由字符库可以看出显示器显示的数字和字母部分代码，恰是 ASCII 码表中编码。单片机控制 LCD1602 显示字符，只需将待显示字符的 ASCII 码写入内部的显示，用数据存储器（DDRAM）内部控制电路就可将字符在显示器上显示出来。

例如，显示字符"A"，单片机只需将字符"A"的 ASCII 码 41H 写入 DDRAM，控制电路就会将对应的字符库 ROM（CGROM）中的字符"A"的点阵数据找出来显示在 LCD 上。

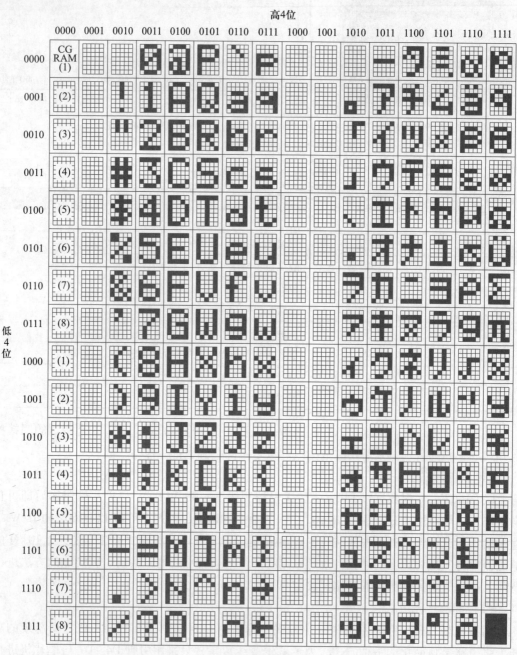

图 2.62 ROM 字符库

模块内有 80 字节数据显示 RAM（DDRAM），除显示 192 个字符（5×7 点阵）的字符库 ROM（CGROM）外，还有 64 字节的自定义字符 RAM（CGRAM），用户可自行定义 8 个 5×7 点阵字符。

3. LCD1602 字符的显示及命令字

显示字符首先要解决待显示字符的 ASCII 码产生。用户只需在 C51 程序中写入欲显示的字符常量或字符串常量，C51 程序在编译后会自动生成其标准的 ASCII 码，然后将生成的 ASCII 码送入显示用数据存储器 DDRAM，内部控制电路就会自动将该 ASCII 码对应的字符在 LCD1602 显示出来。

让液晶显示器显示字符，首先需对其进行初始化设置，还必须对有、无光标、光标移动方向、光标是否闪烁及字符移动方向等进行设置，才能获得所需显示效果。对 LCD1602 的初始化、读、写、光标设置、显示数据的指针设置等，都是单片机向 LCD1602 写入命令字来实现。LCD1602 液晶模块内部的控制器共有 11 条控制指令，见表 2.13。

表 2.13　LCD1602 液晶模块控制指令

序号	指令	RS	R/W	D7	D6	D5	D4	D3	D2	D1	D0
1	清屏	0	0	0	0	0	0	0	0	0	1
2	光标复位	0	0	0	0	0	0	0	0	1	x
3	输入方式设置	0	0	0	0	0	0	0	1	I/D	S
4	显示开关控制	0	0	0	0	0	0	1	D	C	B
5	光标或字符移位	0	0	0	0	0	1	S/C	R/L	x	x
6	功能设置	0	0	0	0	1	DL	N	F	x	x
7	字符发生存储器地址设置	0	0	0	1	字符发生存储器地址					
8	数据存储器地址设置	0	0	1	显示数据存储器地址						
9	读忙标志或光标地址	0	1	BF	计数器地址						
10	写入数据至 CGRAM 或 DDRAM	1	0	要写入的数据内容							
11	从 CGRAM 或 DDRAM 中读取数据	1	1	读取的数据内容							

表 2.13 中 11 个控制命令功能说明见表 2.14。

表 2.14　控制命令功能说明表

序号	指令	功能
1	指令 1	清屏。指令码 01H，光标复位到地址 00H（显示屏的左上方）
2	指令 2	光标复位。光标复位到地址 00H（显示屏的左上方）
3	指令 3	光标和显示模式设置： I/D—地址指针加 1 或减 1 选择位 ● I/D＝1，读或写一个字符后地址指针加 1； ● I/D＝0，读或写一个字符后地址指针减 1。 S—屏幕上所有字符移动方向是否有效的控制位 ● S＝1 当写入一字符时，整屏显示左移（I/D＝1）或右移（I/D＝0）； ● S＝0 整屏显示不移动。
4	指令 4	显示开关及光标设置： D—屏幕整体显示控制位，D＝0 关显示，D＝1 开显示 C—光标有无控制位，C＝0 无光标，C＝1 有光标 B—光标闪烁控制位，B＝0 不闪烁，B＝1 闪烁

序号	指令	功 能
5	指令 5	S/C—光标或字符移位选择控制位 • S/C = 1 移动显示的字符； • S/C = 0 移动光标 R/L—移位方向选择控制位 • 0：左移； • 1：右移
6	指令 6	功能设置命令： DL—传输数据的有效长度选择控制位 • 1：8 位数据线接口； • 0：4 位数据线接口 N—显示器行数选择控制位 • 0：单行显示； • 1：两行显示 F—字符显示的点阵控制位 • 0：显示 5×7 点阵字符； • 1：显示 5×10 点阵字符
7	指令 7	字符发生存储器 CGRAM 地址设置
8	指令 8	DDRAM 地址设置。LCD 内部有一个数据地址指针，用户可通过它访问内部全部 80 字节的数据显示 RAM。命令格式为：80H+地址码。其中，80H 为命令码
9	指令 9	读忙标志或光标地址。BF—忙标志。BF = 1 表示 LCD 忙，此时 LCD 不能接受命令或数据；BF = 0 表示 LCD 不忙
10	指令 10	写数据
11	指令 11	读数据

例如，将显示模式设置为"16×2 显示，5×7 点阵，8 位数据接口"，只需要向 LCD1602 写入光标和显示模式设置命令（命令 6）"00111000B"，即 38H 即可。

再如，要求液晶显示器开显示，显示光标且光标闪烁，那么根据显示开关及光标设置命令（命令 4），只要令 D = 1，C = 1 和 B = 1，也就是写入命令"00001111B"，即 0FH，就可实现所需的显示模式。

4. 字符显示位置的确定

LCD1602 内部有 80 个字节 DDRAM，与显示屏上字符显示位置一一对应，图 2.63 给出了 LCD1602 内部显示 RAM 的地址映射图。

当向 DDRAM 的 00H~0FH（第 1 行）、40H~4FH（第 2 行）地址的任一处写数据时，LCD 立即显示出来，该区域也称为可显示区域。

而当写入 10H~27H 或 50H~67H 地址处时，字符不会显示出来，该区域也称为隐藏区域。如果要显示写入隐藏区域的字符，需要通过字符移位命令（命令 5）将它们移入到可显示区域方可正常显示。

需要说明的是，在向 DDRAM 写入字符时，首先要设置 DDRAM 定位数据指针，此操作可通过命令 8 完成。

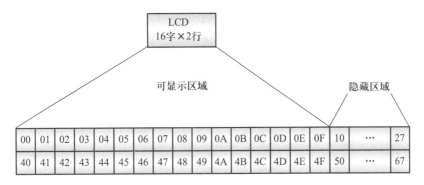

图 2.63 LCD1602 内部显示 RAM 的地址映射图

例如，要写字符到 DDRAM 的 40H 处，则命令 8 的格式为：

80H+40H＝C0H，其中 80H 为命令代码，40H 是要写入字符处的地址。

5. LCD1602 复位

LCD1602 上电后复位状态为：

- 清除屏幕显示。
- 设置为 8 位数据长度，单行显示，5×7 点阵字符。
- 显示屏、光标、闪烁功能均关闭。
- 输入方式为整屏显示不移动，I/D＝1。

LCD1602 的一般初始化设置为：

- 写命令 38H，即显示模式设置（16×2 显示，5×7 点阵，8 位接口）。
- 写命令 08H，显示关闭。
- 写命令 01H，显示清屏，数据指针清 0。
- 写命令 06H，写一个字符后地址指针加 1。
- 写命令 0CH，设置开显示，不显示光标。

需要说明的是，在进行上述设置及对数据进行读取时，通常需要检测忙标志位 BF，如果为 1，则说明忙，要等待；如果为 0，则可进行下一步操作。

6. LCD1602 基本操作

LCD1602 是慢显示器件，所以在写每条命令前，一定要查询忙标志位 BF，即是否处于"忙"状态。如果 LCD1602 正忙于处理其他命令，就等待；如不忙，则向 LCD1602 写入命令。标志位 BF 连接在 8 位双向数据线的 D7 位上。LCD1602 的读写操作规定见表 2.15。

表 2.15　LCD1602 的读写操作规定

	单片机发给 LCD1602 的控制信号	LCD1602 的输出
读状态	RS＝0，R/W＝1，E＝1	D0～D7＝状态字
写命令	RS＝0，R/W＝0，D0～D7＝指令 E＝正脉冲	无
读数据	RS＝1，R/W＝1，E＝1	D0～D7＝数据
写数据	RS＝1，R/W＝0，D0～D7＝指令 E＝正脉冲	无

AT89S51 与 LCD1602 的接口电路如图 2.64 所示。

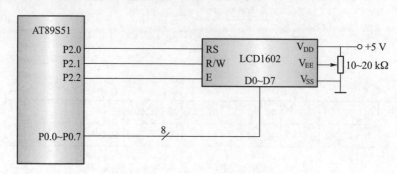

图 2.64 单片机与 LCD1602 接口电路

由图 2.64 可以看出，LCD1602 的 RS、R/W 和 E 这 3 个引脚分别接在 P2.0、P2.1 和 P2.2 引脚，只需通过对这 3 个引脚置"1"或清"0"，就可实现对 LCD1602 的读写操作。具体来说，显示一个字符的操作过程为"读状态→写命令→写数据→自动显示"。

（1）读状态

检测忙标志位 BF 的参考程序具体如下：

```
void check_busy(void)          //检查忙标志位 BF 函数
{
        uchar dt;
do
        {
        dt=0xFF;                //dt 为变量单元,初值为 0xFF
        E=0;
        RS=0;       //按照读写操作规定 RS=0,E=1 时才可以读忙标志位 BF
        RW=1;
        E=1;
        dt=out;                //out 为 P0 口,P0 口的状态送入 dt 中
        }while(dt&0x80);       //如果忙标志位 BF=1,继续循环检测,等待 BF=0
        E=0;                   //BF=0,LCD 不忙,结束检测
}
```

函数检测 P0.7 脚电平，即检测忙标志位 BF，如果 BF=1，说明 LCD 处于忙状态，不能执行写命令；如果 BF=0，可以执行写命令。

（2）写命令

写命令参考程序如下：

```
void write_command(uchar com)   //写命令函数
{
check_busy();
E=0;        //按照读写操作规定 RS 和 E 同时为 0 时才可以写入命令
RS=0;
```

```
RW = 0;
out = com;          //将命令 com 写入 P0 口
E = 1;              //按照读写操作规定写命令时,E 应为正脉冲,即正跳变,所以前面先置
                      E = 0
_nop_( );           //空操作 1 个机器周期,等待硬件反应
E = 0;              //E 由高电平变为低电平,LCD 开始执行命令
delay(1);           //延时,等待硬件响应
}
```

（3）写数据

将要显示字符的 ASCII 码写入 LCD 中的数据显示 RAM（DDRAM），例如将数据"dat"写入 LCD 模块，写数据参考程序如下：

```
void write_data( uchar dat)     //写数据函数
{
check_busy( );      //检测忙标志位 BF = 1,则等待;若 BF = 0,则可对 LCD 操作
E = 0;              //按照读写操作规定写数据时,E 应为正脉冲,所以先置 E = 0
RS = 1;             //按照读写操作规定 RS = 1 和 RW = 0 时可以写入数据
RW = 0;
out = dat;          //将数据 dat 从 P0 口输出,即写入 LCD
E = 1;              //E 产生正跳变
_nop_( );           //空操作,给硬件反应时间
E = 0;              //E 由高电平变为低电平,写数据操作结束
delay(1);
}
```

（4）自动显示

数据写入 LCD 模块后，自动读出字符库 ROM（CGROM）中的字形点阵数据，并将字形点阵数据送到液晶显示屏上显示，该过程是自动完成的。

7. LCD1602 初始化

使用 LCD1602 前，需对其显示模式进行初始化设置，初始化参考程序如下：

```
void LCD_initial( void)          //液晶显示器初始化函数
{
write_command(0x38);         //写入命令 0x38:两行显示,5×7 点阵,8 位数据
_nop_( );                     //空操作,给硬件反应时间
write_command(0x0C);         //写入命令 0x0C:开整体显示,光标关,无黑块
_nop_( );                     //空操作,给硬件反应时间
write_command(0x06);         //写入命令 0x06:光标右移
_nop_( );                     //空操作,给硬件反应时间
write_command(0x01);         //写入命令 0x01:清屏
delay(1);
}
```

注意：在函数开始处，由于 LCD 尚未开始工作，所以不需检测忙标志位，但是初始化完成后，每次再写命令、读写数据操作，均需检测忙标志位。

8. LCD1602 液晶显示移动的字符串

🔗 教学案例：
1. LCD2
2. 4 bit-LCD
3. 字符液晶 1602

（1）功能描述

在 LCD1602 屏幕上动态显示指定的数字与字母。目的是掌握字函数的编制与应用，了解并学会使用 LCD 驱动编程。

（2）仿真电路

LCD1602 液晶显示移动的字符串仿真电路如图 2.65 所示，LCD 显示屏的 D0~D7 连接至单片机的 P0 口，并通过上拉电阻连接至电源 V_{CC}，3 号脚 V_{EE} 通过 10 kΩ 可调电阻调整其对比度。

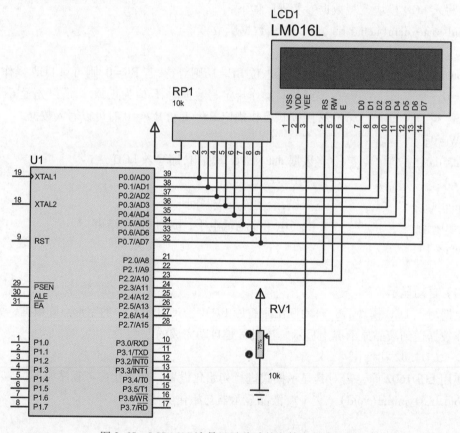

图 2.65 LCD1602 液晶显示移动的字符串仿真电路

（3）实现思路

针对 LCD1602 的参数特性，根据指令表和电路接线图，分别设计液晶初始化函数、判忙函数、写命令函数、写数据函数，在编制程序中要注意指令时序和延时的要求。

（4）程序分析

程序主函数 main( ) 最先需要初始化液晶 LCD_initial( )，在对液晶输入显示内容时要先判忙 check_busy( )，通过写命令 write_command( ) 和写数据 write_data( ) 将向指定起始地址写一串字符串 string( )，不断刷新指定的起始地址，在液晶屏上会得到移动的字符串。

LCD1602 液晶显示移动的字符串程序主函数如图 2.66 所示。

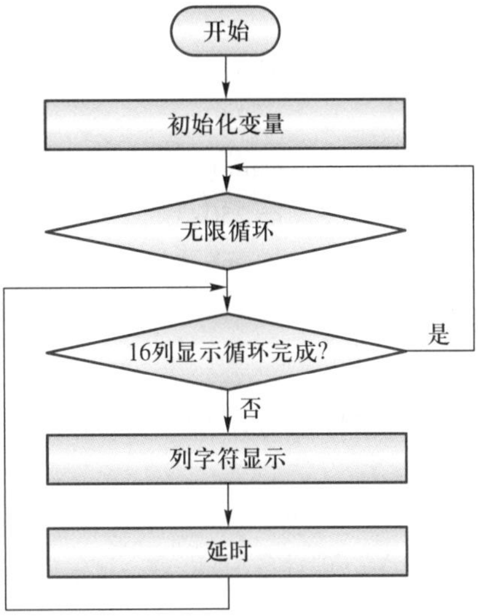

参考程序如下:

```
1    #include<reg51.h>
2    #include<intrins.h>
3    #define uchar unsigned char
4    #define uint unsigned int
5    #define out P0
6    sbit RS = P2^0;
7    sbit RW = P2^1;
8    sbit E = P2^2;
9    void LCD_initial(void);           //液晶初始化
10   void check_busy(void);            //判忙
11   void write_command(uchar com);    //写命令
12   void write_data(uchar dat);       //写数据
13   void string(uchar ad,uchar *s);   //指定地址开始写字符串
14   void delay(uint);                 //延时
15
16   void main(void)                   //主函数
17   {
18       uint k;
19       LCD_initial();
20       while(1)
21         {
22           for(k=0;k<16;k++)
23             {
24         string(0x8f-k,"niit");         //上一行起始地址是0x80
25         string(0xcf-k,"12345678");     //下一行起始地址是0xC0
26         delay(100);
27         write_command(0x01);
28         delay(100);
29             }
30         }
31   }
32
33   void delay(uint j)
34   {
35       uchar i=250;
36       for( ;j>0;j--)
```

图 2.66　LCD1602 液晶显示移动的
字符串程序主函数流程图

```
37            {
38                while( --i) ;
39                i = 249;
40                while( --i) ;
41                i = 250;
42            }
43        }
44
45    void check_busy( void)
46        {
47          uchar dt;
48          do
49            {
50            dt = 0xFF;
51            E = 0;
52            RS = 0;
53            RW = 1;
54            E = 1;
55            dt = out;
56              } while( dt&0x80) ;
57          E = 0;
58        }
59
60    void write_command( uchar com)
61        {
62          check_busy( ) ;
63          E = 0;
64          RS = 0;
65          RW = 0;
66          out = com;
67          E = 1;
68          _nop_( ) ;
69          E = 0;
70          delay( 1) ;
71        }
72
73    void write_data( uchar dat)
74        {
75          check_busy( ) ;
76          E = 0; RS = 1; RW = 0; out = dat;
```

```
77      E = 1;
78      _nop_( );
79      E = 0;
80      delay(1);
81    }
82
83    void LCD_initial( void)
84    {
85      write_command(0x38);
86      write_command(0x0C);
87      write_command(0x06);
88      write_command(0x01);
89      delay(1);
90    }
91
92    void string(uchar ad,uchar ∗s)
93    {
94      write_command(ad);
95      while( ∗s>0)
96        {
97        write_data( ∗s++);
98        delay(100);
99        }
100   }
```

程序中：

第 5 行是一个宏定义，目的是提高程序的可读性；

第 22~29 行是依次在液晶屏上显示 16 个字符；

第 24 行是在液晶第 1 行走马灯显示字符"niit"，由于液晶的第 1 行地址为 0x00～0x0F，对应命令码要+0x80，即送入 0x80～0x8F；

第 25 行是在液晶第 2 行上走马灯显示"12345678"，由于液晶的第 2 行地址为 0x40～0x4F，对应命令码要+0x80，即送入 0xC0～0xCF；

第 92~100 行是向规定地址写数据的子函数，使用了字符串指针，所以可以传字符串，也可以传字符数组名。

（5）调试与说明

LCD1602 在 Proteus 库中选用 LM016L，LM016L 是属于 16×2 液晶显示屏，除此之外，还有 LM017L（32×2 像素）和 LM018L（16×2 像素）的液晶显示屏，在设计电路时应根据需求选用合适的显示器件。

（6）思考

① 为什么需要延时程序，若去掉延时程序，试试效果会怎样？

② 为什么需要限流电阻，该电阻的阻值如何计算？

③ 包含头文件 reg51. h 与 AT89X51. h，在程序编写中有什么不同？（建议打开这两个文件观察）

④ < AT89X51. h >与"AT89X51. h"功能是完全一样的吗？

⑤ 说明 for(i=5;i>0;i--)

    for(j=200;j>0;j--)；

     与

for(i=5;i>0;i--)；

    for(j=200;j>0;j--)；

在程序执行中有什么区别？

⑥ 程序中 while(1)；起什么作用？

⑦ 有共阴极数码管与单片机并行端口（Px）电路接线按照如下方式连接：Px. 7 接数码管的 a 端，……，Px. 1 接数码管的 g 端，Px. 0 接数码管的 dp 端，试问欲使数码管显示数字 0~9 时，单片机应该在 Px 口送什么数据？

⑧ 为什么在送段码前，将位码全部送"关"的信息？若先送位码后送段码是否可以解决？

习题

2.1 判断题

（1）MCS-51 单片机共有两个时钟 XTAL1，XTAL2。

（2）指令周期是执行一条指令的时间。

（3）一般消除键盘抖动的方式有两种，分别是电子消抖和机械消抖。

（4）所有定义在主函数之前的函数无须进行声明。

（5）C 语言允许函数先使用然后再定义。

（6）若一个函数的返回类型为 void，则表示其没有返回值。

（7）#define 表示宏定义。

（8）在动态扫描技术中，扫描周期必须控制在视觉停顿时间内，一般在 20 s 以内，否则会出现闪烁或跳动现象。

（9）若采用 6 MHz 的晶体振荡器，则 MCS-51 单片机的机器周期为 2 μs。

（10）单片机的复位操作电平是大于两个时钟周期的高电平。

2.2 选择题

（1）51 单片机的（   ）口引脚，还具有外中断、串行通信等第二功能。

A. P0   B. P1   C. P2   D. P3

（2）51 单片机高 8 位地址线由（   ）构成，共（   ）位。

A. P0，8   B. P1，16   C. P2，8   D. P3，16

（3）MCS-51 单片机复位操作后，程序指针 PC 初始化为（   ）。

A. 0x0100   B. 0x2080   C. 0x0   D. 0x8000

（4）C 语言提供的合法的数据类型关键字是（　　　）。

A. Double　　　　　B. Short　　　　　C. integer　　　　　D. char

（5）降低单片机的晶振频率，则机器周期（　　　）。

A. 不变　　　　　B. 变长　　　　　C. 变短　　　　　D. 不定

（6）下列描述中正确的是（　　　）。

A. 程序就是软件

B. 软件开发不受计算机系统的限制

C. 软件既是逻辑实体，又是物理实体

D. 软件是程序、数据与相关文档的集合

（7）若一个函数的返回类型为 void，则表示其（　　　）。

A. 函数内容为空　　　　　　　　　B. 有返回值

C. 无返回值　　　　　　　　　　　D. 函数没有意义

（8）在 C51 程序中必须有一个 main 函数。单片机变量一般存放在（　　　）。

A. RAM　　　　　B. ROM　　　　　C. 寄存器　　　　　D. CPU

（9）单片机应用 ROM 中一般存放（　　　）。

A. 变量　　　　　B. 数据　　　　　C. 常量　　　　　D. 程序和表格常数

（10）单片机 8051 的 XTAL1 和 XTAL2 引脚是（　　　）引脚。

A. 外接定时器　　　B. 外接串口　　　C. 外接中断　　　D. 外接晶振

（11）若单片机 P2 口的 P2.0~P2.7 八个引脚，分别接 1 位共阴极数码管的 a，b，c，d，e，f，g，dp 八个引脚时，如欲显示字符"="，段码应为（　　　）。

A. 67H　　　　　B. 6EH　　　　　C. 91H　　　　　D. 48H　　　E. 90H

（12）while(1)｛;｝语句功能为（　　　）。

A. 退出程序　　　　B. 跳转　　　　　C. 赋值　　　　　D. 无限循环

2.3　请说明单片机 P0~P3 口的结构和主要功能区别。

2.4　Keil C51 软件中，工程文件的扩展名是什么？编译连接后生成可烧写的文件扩展名是什么？

2.5　单片机的最小系统包括哪三部分，各部分的主要作用是什么。

2.6　8051 的引脚 RST 是 IN 脚还是 OUT 脚，当其端出现什么电平时，8051 进入复位状态。8051 一直维持这个值，直到 RST 脚收到什么电平，8051 才脱离复位状态，进入程序运行状态。

2.7　七段 LED 显示器有动态和静态两种显示方式，这两种显示方式要求 8051 系列单片机如何安排接口电路？

2.8　说明数码管静态显示、动态显示的原理与结构，请编程举例说明。

2.9　按键抖动的原因是什么？为什么要消除按键的机械抖动？消除按键抖动的方法有几种？

2.10　如习题 2.10 电路图所示，请编程实现数码管显示学号的后 8 位，要求显示清晰。

2.11　如习题 2.11 电路图所示，请编程实现用 LED 灯显示按键按下的次数，显示方式为 8421 码格式。

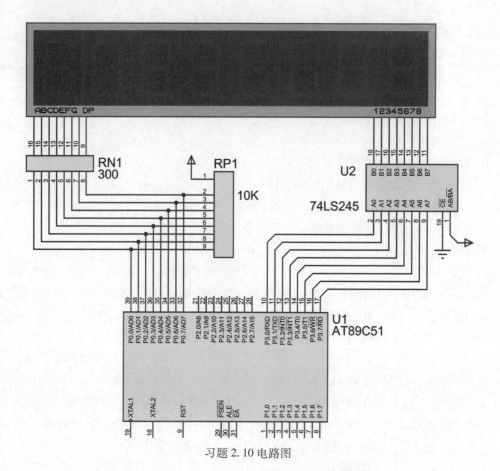

习题 2.10 电路图

习题 2.11 电路图

2.12　如习题 2.12 电路图所示，参照附录（Proteus 元件表）在计算机上用 Proteus 画出该图。

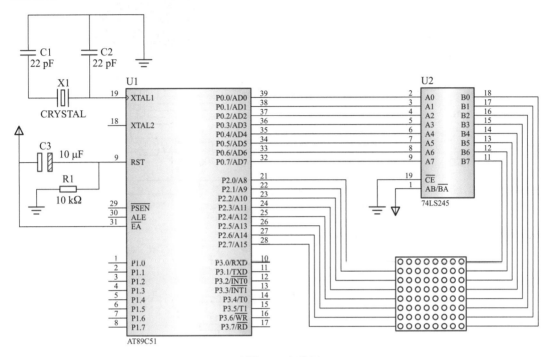

习题 2.12 电路图

2.13　如习题 2.13 电路图所示，请编程实现用按键控制流水灯显示，k1 从上向下逐个循环点亮；k2 从下向上逐个循环点亮。

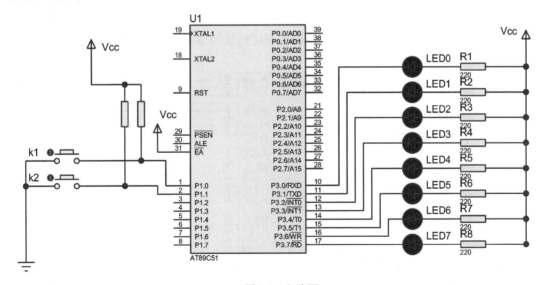

习题 2.13 电路图

2.14　如习题 2.14 电路图所示，请编程实现将 LED 灯循环显示的循环次数在数码管上显示，显示的范围 00~99。

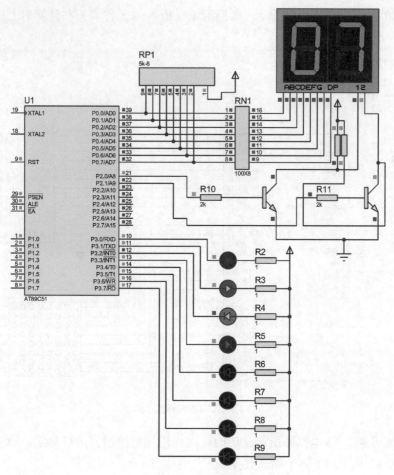

习题 2.14 电路图

2.15　根据习题 2.15 电路图，请编程实现键值显示程序。

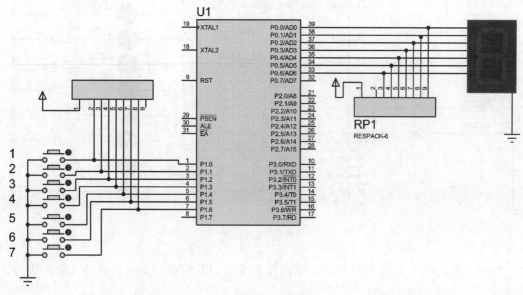

习题 2.15 电路图

2.16　接线如习题 2.16 电路图所示，数码管显示的是 P1.1 所接按键按下次数，P1.3 所接按键按下后数码管清零，请根据按键处理流程图（习题 2.16 流程图）写出两个按键的相关程序。

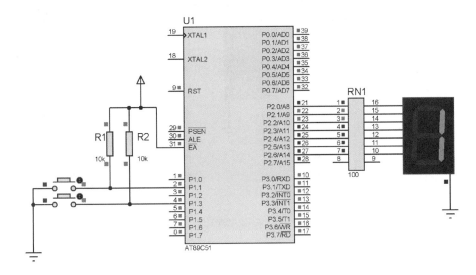

习题 2.16 电路图

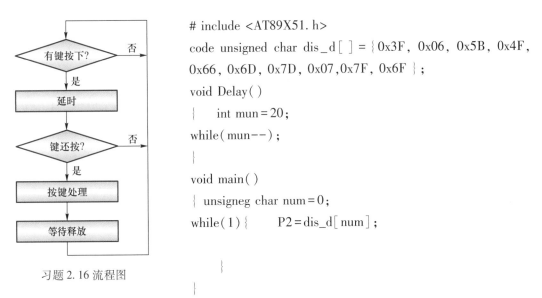

习题 2.16 流程图

```
# include <AT89X51. h>
code unsigned char dis_d[ ] = {0x3F, 0x06, 0x5B, 0x4F,
0x66, 0x6D, 0x7D, 0x07,0x7F, 0x6F };
void Delay( )
{    int mun = 20;
while( mun--);
}
void main( )
{ unsigneg char num = 0;
while(1){       P2 = dis_d[ num];
```

2.17　简述行列式扫描键盘的工作原理。如习题 2.17 电路图所示，请编程实现用数码管显示按键的识别。

2.18　使用 Proteus 画出习题 2.18 电路图，实现用 4 个按键 k0~k3 分别去控制 4 位数码管的显示数据，每次按键，LED 显示器对应位的数值加 1。

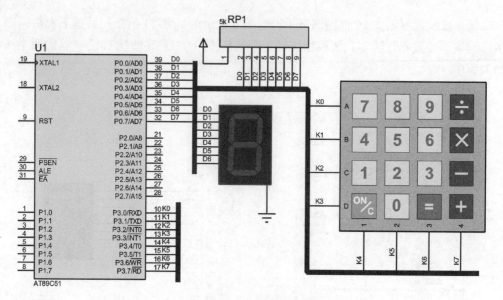

习题 2.17 电路图

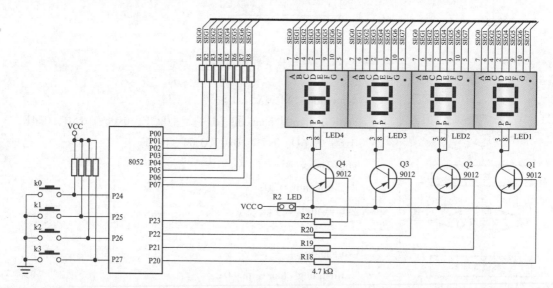

习题 2.18 电路图

单元 3

中断
········

中断技术是单片机技术的一个重要特征，主要用于实时监测与控制，对突发事件做出及时的响应。本单元主要介绍 MCS-51 单片机中断的基本概念和典型应用案例。

> 重点：中断的概念与应用程序编写；
> 难点：中断的应用。

3.1 单片机中断概念

大家都熟悉足球机器人，一般情况下，它们的运行是跟着足球跑，但当足球到了控制范围内，则需对足球进行操作，随后继续跟着足球跑。足球何时、何地进入自己控制范围是不能确定的事件，这就类似于单片机的中断事件。中断系统是单片机处理突发事件最佳控制系统，中断处理可以提高单片机的工作效率，体现智能控制。

（1）中断定义

当单片机执行正常程序时，系统中出现某些急需处理的异常情况和特殊请求（如定时/计数器溢出，被监视电平突变等），这时 CPU 暂时中断现行程序，转去处理发生的事件，处理完成后，CPU 自动返回到原来被中断的地方，执行原来的程序，这一过程称为中断。

（2）中断名词

中断源：引起中断的设备或事件。

中断请求：中断是由中断源向 CPU 发出中断申请开始的，有效中断请求信号应一直保持到 CPU 做出响应为止。

中断响应：CPU 接收中断申请而暂停现行程序的执行，转去为服务对象服务，为服务对象服务的程序称为中断服务函数（也称中断处理程序）。

（3）中断过程

中断过程示意图如图 3.1 所示。中断过程可分为中断请求、中断响应、中断服务（处理）和中断返回四个阶段。

（4）51 中断源

8051 共有 5 个中断源（8052 共有 6 个中断源），分别为 2 个外部中断$\overline{INT0}$、$\overline{INT1}$（分

别是引脚 P3.2 和 P3.3），2 个定时器/计数器溢出中断 T0、T1（分别是引脚 P3.4 和 P3.5），1 个串口中断 RXD、TXD（分别是引脚 P3.0 和 P3.1）。

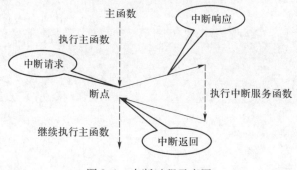

图 3.1　中断过程示意图

3.2　MCS-51 单片机中断系统的内部结构

图 3.2 所示是 51 系列单片机的中断系统结构图，它由与中断有关的特殊功能寄存器、中断入口、顺序查询逻辑电路等组成，至少包含 5 个中断源，2 个优先级（由特殊功能寄存器 IP 设定），可实现二级中断嵌套。当 IP 相应位设为"1"则是高级中断，反之为低级中断。当 IP 相应位设为相同设定值时，称同级中断，同级中断不能嵌套。若同级中断同时发生，则由硬件地址设定优先的先执行，硬件地址优先排列表见表 3.1。

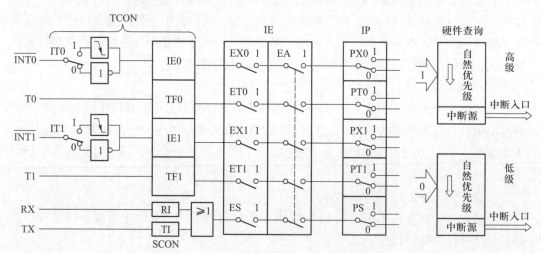

图 3.2　51 系列单片机的中断系统结构图

5 个中断源分为内部中断和外部中断两类，见表 3.1。其中 2 个外部中断请求源为 $\overline{INT0}$ 和 $\overline{INT1}$；内部中断有 3 个，2 个片内定时器/计数器 T0 和 T1 的溢出中断请求源 TF0 和 TF1 以及 1 个片内串口的发送或接收中断源 TI/RI，它们分别由特殊功能寄存器 TCON 和 SCON 的相应位锁存。当 CPU 响应中断请求时，由硬件自动形成转向与该中断源对应的服务程序入口地址。

表 3.1 中断源及中断向量入口地址

中断源	入口地址	说明	硬件优先
$\overline{INT0}$	0003H	从引脚 P3.2 上的外部中断申请	高
定时器 0	000BH	从定时器 0 的溢出使 TF0 置位，发出中断申请	
$\overline{INT1}$	0013H	从引脚 P3.3 上的外部中断申请	
定时器 1	001BH	从定时器 1 的溢出使 TF1 置位，发出中断申请	
串行口	0023H	一个串行帧的发送或接收完成后使中断申请标志 TI（发送时）或 RI（接收时）置位	低

注：入口地址是分布在程序区中的地址。

由图 3.2 中可以看到中断涉及的 SFR 特殊功能寄存器有 TCON（中断控制）、IE（中断允许）、IP（中断优先）、SCON（串口控制），其中 SCON 在串口通信中会详细讨论，TMOD 在定时器单元中会详细讨论。

51 中断源分为高级和低级两个中断优先级，由特殊功能寄存器 IP 决定，见表 3.2。在 IP 设置相同情况下（同级中断），当两个以上中断同时申请时，由各中断入口地址决定优先执行顺序，低位地址优先。

表 3.2 中断优先寄存器 IP

位序	D7	D6	D5	D4	D3	D2	D1	D0
位符号	—	—	PT2	PS	PT1	PX1	PT0	PX0

注：当复位后，IP 被清"0"，5 个中断源的中断优先标志均为 0。

- PX0 对应外部中断 $\overline{INT0}$
- PT0 对应定时器/计数器 T0
- PX1 对应外部中断 $\overline{INT1}$
- PT1 对应定时器/计数器 T1
- PS 对应串行通信
- PT2 对应定时器/计数器 T2（52 系列）

相应位为"1"，对应的中断源被设置为高优先级；相应位为"0"，对应的中断源被设置为低优先级。各中断源的中断优先级关系，可归纳为下面两条基本规则：

① 低优先级可被高优先级中断，高优先级不能被低优先级中断。

② 任何一种中断（不管是高级还是低级）一旦得到响应，不会再被它的同级中断源所中断。如果某一中断源被设置为高优先级中断，在执行该中断源的中断服务程序时，则不能被任何其他的中断源的中断请求所中断。

中断系统如果某高优先级中断正在执行，所有后来的中断均被阻止；如果某低优先级中断正在执行，所有同级中断都被阻止，但不能阻断高优先级的中断请求。

在同时收到几个同优先级的中断请求时，哪一个中断请求能优先得到响应，取决于内部查询顺序，这个顺序是按照中断在芯片内部的入口地址排序的，见表 3.1。显然，各中断源在同一优先级条件下，外部中断 0 中断优先权最高，串口中断的优先权最低。

当 CPU 响应某一中断时，若有优先级高的中断源发出中断请求，则 CPU 能中断正在进行的中断服务程序，并保留这个程序的断点，响应高级中断，高级中断处理结束以后，再继续进行被中断的中断服务程序，这个过程称为中断嵌套，其示意图如图 3.3 所示。如果发出新的中断请求的中断源的优先权级与正在处理的中断源同级或更低时，CPU 不会响应这个中断请求，直至正在处理的中断服务程序执行完以后才去处理新的中断请求。

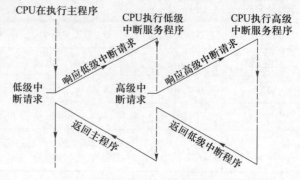

图 3.3   中断嵌套过程示意图

中断允许设置由特殊功能寄存器 IE 决定，"1"为允许，"0"为不允许，见表 3.3。

表 3.3   中断允许寄存器 IE

位序	D7	D6	D5	D4	D3	D2	D1	D0
位符号	EA	—	ET2	ES	ET1	EX1	ET0	EX0

- EA：中断允许总控制位

    EA＝0，所有的中断请求被屏蔽；

    EA＝1，所有的中断请求被开放。

- ET2：定时器/计数器 2 溢出中断允许位（52 系列单片机才有）

    ET2＝0，禁止 T2 溢出中断；

    ET2＝1，允许 T2 溢出中断。

- ES：串行通信中断允许位

    ES＝0，禁止串口中断；

    ES＝1，允许串口中断。

- ET1、ET0：定时器/计数器 1、0 溢出中断允许位

    ETx（x 指 1 或 0）＝0，禁止 Tx（x 指 1 或 0）溢出中断；

    ETx（x 指 1 或 0）＝1，允许 Tx（x 指 1 或 0）溢出中断。

- EX1、EX0：外部中断 1、0 允许位

    EXx（x 指 1 或 0）＝0，禁止外部中断 x（x 指 1 或 0）中断。

    EXx（x 指 1 或 0）＝1，允许外部中断 x（x 指 1 或 0）中断。

当复位后，IE 被清"0"，5 个中断源的中断允许标志位均为"0"，所有中断请求被禁止。IE 中与各个中断源相应位可用指令置"1"或清"0"，即可允许或禁止各中断源的中断申请。若使某一个中断源被允许中断，除了 IE 相应位被置"1"外，还必须使 EA 位置"1"。

中断控制寄存器 TCON 见表 3.4。

表 3.4　中断控制寄存器 TCON

位序	D7	D6	D5	D4	D3	D2	D1	D0
位符号	TF1	TR1	TF0	TR0	IE1	IT1	IE0	IT0

注：当复位后，TCON 被清"0"，5 个中断源的中断请求标志位均为 0。

- TF1、TF0：定时器/计数器 T1 的溢出中断请求标志位

当启动 T1 计数（TR1＝1）后，T1 从初值开始加 1 计数，当最高位产生溢出时，硬件置 TF1 为"1"，向 CPU 申请中断，响应 TF1 中断时，TF1 标志硬件自动清"0"，TF1 也可由软件清"0"。T0 同理。

- TR1、TR0：定时器/计数器启动位

　　0—关闭定时器/计数器；

　　1—启动定时器/计数器。

- IE1、IE0：外部中断请求 1 或 0 中断请求标志位

- IT1、IT0：选择外部中断请求 1 或 0 为跳沿触发还是电平触发方式

0—电平触发方式，加到 $\overline{\text{INT}x}$（x 指 1 或 0）脚上的外部中断请求输入信号为低电平有效，并由系统自动把 IE1 置"1"。转向中断服务程序时，则由硬件自动把 IE1 清"0"。

1—边沿触发方式，加到 $\overline{\text{INT}x}$（x 指 1 或 0）脚上的外部中断请求输入信号从高到低的负跳变有效，并由系统自动把 IE1 置"1"。转向中断服务程序时，则由硬件自动把 IE1 清"0"。

3.3　中　断　编　程

Keil C51 编译器支持在 C 源程序中直接以函数形式编写中断服务过程。编译器在规定的中断向量入口地址中放入无条件转移指令，使 CPU 响应中断后自动跳转到中断服务函数的实际地址，无须使用者编程安排。

常用的中断函数定义语法如下：

void 函数名( ) interrupt n using m

其中：

- interrupt 是关键字，指中断函数。

- n 是 C51 编译器允许 0~31 个中断，下列中断及其相关地址为 8051 控制器所提供的中断。

　　　0：外部中断 0 地址：0003H

　　　1：定时器/计数器 0 地址：000BH

　　　2：外部中断 1 地址：0013H

　　　3：定时器/计数器 1 地址：001BH

　　　4：串口地址：0023H

- using 是关键字，指使用单片机内部 RAM 中工作寄存器组的组别资源，对程序运行中的现场数据进行保护或暂存，MCS-51 单片机独特地采用寄存器组的工作方式，在 MCS-51 单片机中一共有四组名称均为 R0~R7 的工作寄存器（可以参考 1.5 节存储器内容），当程

序运行过程中需要数据暂存，可以通过选择使用不同工作寄存器组，这使得保护工作非常简单和快速。使用汇编语言时，内存的使用均由编程者设定，编程时通过设置 PSW 特殊功能寄存器中 RS0、RS1 来选择切换工作寄存器组，但使用 C 语言编程时，内存是由编译器分配的，因此，不能简单地通过设置 RS0、RS1 来切换工作寄存器组，否则会造成内存使用的冲突。在 C51 语言中，寄存器组选择取决于特定的编译器指令，在中断函数定义时，可以用 using m 指定该函数具体使用哪一组寄存器，m 在 0、1、2、3 这 4 个数中取值，分别对应使用 4 组工作寄存器。

- m 是组别。

    0：工作寄存器组 0，即使用内部 RAM 中 0x00~0x07 这 8 个字节区域

    1：工作寄存器组 1，即使用内部 RAM 中 0x08~0x0F 这 8 个字节区域

    2：工作寄存器组 2，即使用内部 RAM 中 0x10~0x17 这 8 个字节区域

    3：工作寄存器组 3，即使用内部 RAM 中 0x18~0x1F 这 8 个字节区域

如使用了定时器/计数器 1 中断，则中断号为 3，因此该中断函数的结构如下：

void delay( ) interrupt 3   //interrupt 3 表示该函数为中断号 3 的中断函数

{...}

若上述例子写成：

void delay( ) interrupt 3   using 2

{...}

即表示在该中断程序中使用第 2 组工作寄存器。

编写中断函数时应遵循下列规则：

① 不能进行参数传递，如果中断过程包括任何参数声明，编译器将产生一个错误信息。

② 无返回值，如果想定义一个返回值将产生错误，但是，如果返回整型值，编译器将不产生错误信息，因为整型值是默认值，编译器不能清楚识别。

③ 在任何情况下不能直接由程序调用中断函数，中断函数可以调用除 main( ) 之外的任何子函数，但仍需满足先定义后调用原则，否则编译器会产生错误。由于中断函数不能被任何函数调用，包括 main( )，所以其放置的位置没有要求。

④ 在中断函数中调用的函数所使用的寄存器组必须与中断函数相同，当没有使用 using 指令时，编译器会选择一个寄存器组作绝对寄存器访问。编程时必须保证按要求使用相应寄存器组，而 C 编译器不会对此检查。

⑤ 如果在中断函数中执行浮点运算，必须保存浮点寄存器状态。当没有其他程序执行浮点运算时，可以不保存。

⑥ 在编制中断函数时，应尽量短，防止中断函数未退出时新中断又出现，而丢失新中断的响应。

3.4　应　用　案　例

MCS-51 单片机有两个外部中断$\overline{\text{INT0}}$和$\overline{\text{INT1}}$，分别是引脚 P3.2 和 P3.3。下面利用这两个中断学习实现单个中断、双中断、中断优先三个典型中断应用案例。

3.4.1 单个中断

（1）功能描述

本案例实现的是六路抢答器，利用单片机 P0 口驱动一只数码管显示抢答选手的编号，并用一只 LED 指示抢答成功的状态。通过该案例了解并学会外部中断的编程与使用。

（2）仿真电路

抢答器仿真电路如图 3.4 所示，电路主要由单片机、数码管、7 个独立按键、LED 指示电路、与非门以及非门组成。7 个独立按键中，有 1 个是抢答开始按键，另外 6 个是抢答按键。当开始键按下后，选手进入抢答状态，只要有 1 位选手抢答成功，则数码管显示选手编号，指示灯点亮，其他选手不能进行抢答。根据电路图可知本案例使用外部中断INT0。

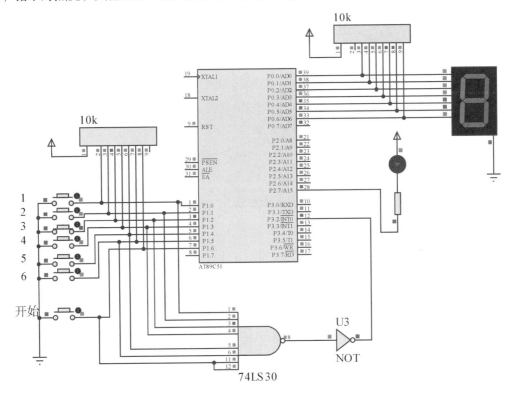

图 3.4　抢答器仿真电路

（3）实现思路

在设计中有 7 个独立按键，分别连接单片机 P1.6~P1.0。其中 P1.6 连接的按键定义为抢答开始按键。P1.0~P1.5 对应的是抢答选手 1~6 号的抢答按键。7 个独立按键信号通过与非和非门后连接至单片机的外部中断输入端INT0，当没有按键按下时，外部中断输入端INT0的信号为高电平；当有按键按下时，则外部中断输入端INT0会出现低电平，从而可以触发外部中断 0。

（4）程序分析

程序由两部分组成，外部中断函数和 main() 函数 。在 main() 函数中没有什么功能，只是等中断的出现，即等按键按下；在中断函数中，需要区分是哪个按键，并要显示按键

值，按键有效（抢答有效），需要禁止抢答功能，直到抢答开始按键按下。图 3.5 为中断
函数流程图。

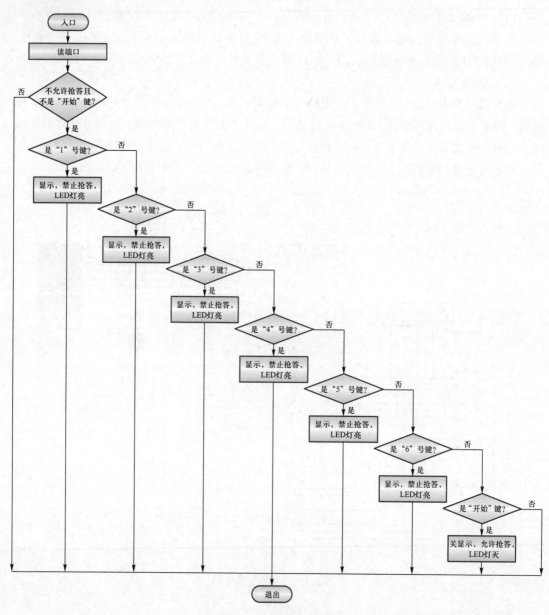

图 3.5 中断函数流程图

在程序设计中，定义一个无符号字符型变量 m，用来读取 P1 口按键输入的信号情况，
并定义一个 bit 信号 EN，作为使能信号，只有使能信号为高时，选手才能进行抢答，一旦
有选手抢答成功，则将 EN 置 0，这样就能屏蔽其他选手抢答功能。当开始按键按下后，
EN 置 1，重新开放抢答权限。抢答器参考程序如下：

```
1      #include<reg51.h>
2      #define uchar unsigned char
3      #define ON 0
```

```
4        #define OFF 1
5        sbit LED = P2^7; bit EN = 1;
6        code uchar dis_d[ ] = {0x3F,0x06,0x5B,0x4F,0x66,0x6D,0x7D,0x07,0x7F,0x6F,0x0};
7
8        void main( )
9        {
10         IE = 0x81;TCON = 0x01;
11         while(1);
12       }
13
14       void key( ) interrupt 0
15       {
16         uchar m;
17         m = P1;
18         if((EN = = 0)&&(m! = 0xBF)) return;
19         switch(m)
20           {
21         case 0xFE:P0 = dis_d[1];LED = ON;EN = 0;break;
22         case 0xFD:P0 = dis_d[2];LED = ON;EN = 0;break;
23         case 0xFB:P0 = dis_d[3];LED = ON;EN = 0;break;
24         case 0xF7:P0 = dis_d[4];LED = ON;EN = 0;break;
25         case 0xEF:P0 = dis_d[5];LED = ON;EN = 0;break;
26         case 0xDF:P0 = dis_d[6];LED = ON;EN = 0;break;
27         case 0xBF:P0 = dis_d[10];LED = OFF;EN = 1;break;
28         default:break;
29           }
30       }
```

程序中：

第 5 行用 sbit 关键词定义了一个 8 位中的 1 位变量 LED，用 bit 关键词定义了一个二进制的 1 位变量 EN，该变量会存放在单片机内部 RAM 的 0x20～0x2F 区域，它们的取值都是非 "0" 即 "1"，但注意 bit 是不能定义 8 位中的 1 位的；

第 6 行定义的数组前面有个 code 关键词，表明该数组里的所有数据只能读，不能被写（改变）；

第 10 行完成外部中断的初始化，设定为允许 $\overline{INT0}$ 中断，下降沿触发；

第 18 行是抢答器的关键，只要抢答过（EN=0）且不是复位键，则按键无效；

第 19～29 行是不同按键功能处理。

（5）调试与说明

在案例中只使用了 1 个中断，利用 8 路与非门芯片 74LS30 和非门 NOT，将 7 个独立按键接到单片机INT0，只要有 1 个按键按下，则 74LS30 输出高电平，经过 NOT 取非输出低电平，送到INT0，这样触发中断。

（6）思考

增加一位抢答选手，电路该如何修改？程序该如何修改？

3.4.2　双外部中断

（1）功能描述

分别统计两个按键按下的次数，并用数码管显示出来，同时用 LED 指示是哪一个按键。通过该案例掌握两个外部中断同时应用的设置及使用编程。

（2）仿真电路

双外部中断仿真电路如图 3.6 所示，该电路主要由单片机、两个独立按键、两只LED、两位一体数码管组成。两个独立按键分别连接至单片机的两个外部中断输入口INT0和

实验视频：
外部中断

INT1，两位一体数码管指示按键按下的次数，两只 LED 用于指示数码管显示的是哪一个按键按下的次数。单片机的 P0 口通过限流排阻连接至两位一体数码管的段控制端，P2.0 和 P2.1 通过三极管驱动数码管的位。

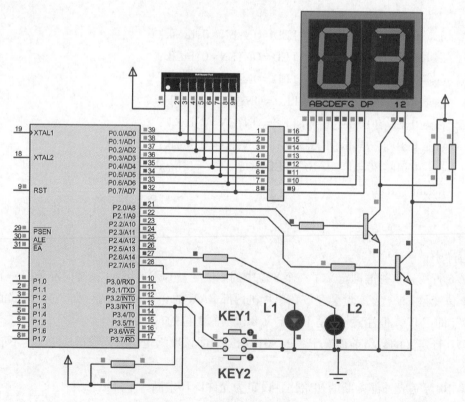

图 3.6　双外部中断仿真电路

（3）实现思路

在程序中定义两个计数变量 num_k1 和 num_k2，分别用于统计两个按键按下的次数。

由于使用到单片机的两个外部中断,所以在初始化时需要通过对寄存器 IE 的设置打开两个外部中断,同时打开总中断 EA。两个外部中断处理程序的功能是分别统计两个按键按下的次数,每进一次中断,统计变量加 1。主程序中只要完成动态显示即可。

(4) 程序分析

程序由两个中断函数 key1( )、key2( ) 和一个主函数 main( ) 组成。在中断函数里实现键值加 1、设置 LED 和送显示数字功能,主函数 main( ) 实现中断初始化和数码管的显示。双外部中断参考程序如下:

```
1    #include<reg51.h>
2    #define uchar unsigned char
3    sbit LED_k1=P2^7;sbit LED_k2=P2^6;
4    sbit dis_shi=P2^0;sbit dis_ge=P2^1;
5    uchar num_k1=0,num_k2=0,num;
6    code uchar dis_d[]={0x3F,0x06,0x5B,0x4F,0x66,0x6D,0x7D,0x07,0x7F,0x6F,0x0};
7
8    void delay()                        //延时
9    {
10       int t=200;while(--t);
11   }
12
13   void key2() interrupt 2             //按键2中断
14   {   P2&=0x3F;                       //关闭 LED
15       if(++num_k2>99)  num_k2=0;      //按键2键值加1,加到100置0
16       num=num_k2;   LED_k2=1;         //送待显示变量,点亮相应 LED
17   }
18
19   void main()                         //主函数
20   {
21       IE=0x85;TCON=0x05;              //开启外部中断0和1,设置下降沿触发
22       while(1)
23       {
24       P2&=0xFC;P0=dis_d[num/10];dis_shi=1;delay();   //十位数显示
25       P2&=0xFC;P0=dis_d[num%10];dis_ge=1;delay();    //个位数显示
26       }
27   }
28
29   void key1() interrupt 0             //按键1中断
30   {
31       P2&=0x3F;                       //关闭 LED
```

32	if(++num_k1>99)　　num_k1 = 0;　　//按键 1 键值加 1,加到 100 置 0
33	num = num_k1;　　LED_k1 = 1;　　　//送待显示变量,点亮相应 LED
34	}

程序中:

第 5 行定义的两个 uchar 变量 num_k1 和 num_k2 分别负责计两个接到外部中断对应的按键按下的次数,num 是保持在显示程序中显示的缓冲变量;

第 14 行是一个符合运算符,先"与"后赋值,主要是清 P2 口高 2 位;

第 21 行开启中断,设置均为下降沿触发,但这两个中断由 IP 设定的优先级都是低级,也就是不能出现嵌套,同时发生时,按照入口地址优先响应 $\overline{INT0}$ (入口地址 0x0003),后响应 $\overline{INT1}$ (入口地址 0x0013)。

（5）调试与说明

调试中可以发现只要按键按下,对应的 LED 灯点亮,数码管显示该按键按下的次数。在程序中两个中断函数分别出现在主函数 main( ) 的前面和后面,编译调试均没有问题,反映出中断函数的位置是没有特别要求的。

（6）思考

① 语句 if(++num_k1>99)num_k1 = 0 的作用是什么? 去掉后对程序有什么影响?

② 如果需要统计 4 个按键按下的次数,如何实现?

3.4.3　具有优先级的中断

微课:
外部中断应用

（1）功能描述

在单片机的外部中断 $\overline{INT0}$ 端口输入一个 10 Hz 的脉冲信号,在外部中断 $\overline{INT1}$ 端口连接一个独立按键。在程序中同时打开两个外部中断,观察 P1 口输出的高低电平变化情况。通过案例了解中断优先级在应用项目中的概念,掌握优先级的使用技巧。

（2）仿真电路

本电路结构简单,具体仿真电路图如图 3.7 所示。

（3）实现思路

由于在程序中需要用到单片机的两个外部中断,因此需要对 IE 设置,打开两个外部中断 EX0 和 EX1,同时打开总中断 EA。外部中断 1 的中断处理程序主要是对 10 Hz 的脉冲计数,每来 1 个脉冲计数加 1,并通过 P1 口输出。因此仿真时只要计数发生变化,P1 口的高低电平就发生变化。外部中断 2 的中断处理程序主要是对外部中断 1 的打开控制位 EX0 取反,EX0 的取值直接决定了程序能否进到外部中断 1 的中断处理程序。

（4）程序分析

程序由三部分组成,两个中断函数 intx_0( ) 和 intx_1( ) 和一个主函数 main( )。$\overline{INT0}$ 对应的中断函数 intx_0( ) 实现对传入的脉冲数加和,并将数值送到 P1 端口;$\overline{INT1}$ 对应的中断函数 intx_1( ) 实现控制 $\overline{INT0}$ 的中断的允许与否。为了体现键盘优先效果,采用按键对应的 $\overline{INT1}$ 优先,即 IP 值取 0x04(0000 0100),而 $\overline{INT0}$ 接 10 Hz 的脉冲信号。源程序如下所示。

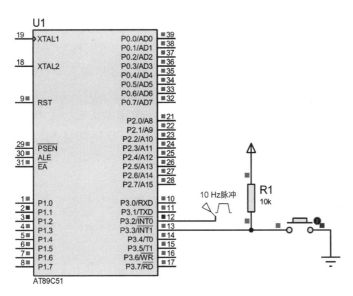

图 3.7　具有优先级的中断案例仿真电路

```
1      #include<reg51.h>
2      void main( )
3      {
4          IE = 0x85;
5          TCON = 0x0;
6          IP = 0x04;           //04,01,0
7          while(1);
8      }
9
10     void intx_0( ) interrupt 0
11     {   static unsigned char PLUS = 0;
12         PLUS++;
13         P1 = PLUS;
14     }
15
16     void intx_1( ) interrupt 2
17     {
18         EX0 = !EX0;
19     }
```

　　程序中：

　　第 6 行 IP 取值 0x04，即二进制 0000 0100，显然外部中断$\overline{\text{INT1}}$优先，即$\overline{\text{INT1}}$可以打断$\overline{\text{INT0}}$的中断，也就是在执行处理脉冲信号的时候允许执行按键中断事件（关闭$\overline{\text{INT1}}$的使能位），这样可以很轻松地开关$\overline{\text{INT1}}$计外部脉冲事件中断。

　　第 13 行是将接收到的外部脉冲计数在 P1 口上显示出来。

（5）调试与说明

在$\overline{INT0}$上输入脉冲信号 10 Hz，当程序运行起来后，可以看见在 P1 口，高低电平不断变化，按键按下则可以控制 P1 口的高低电平变化停止和启动。即对$\overline{INT0}$引脚的脉冲计数停止与启动是受到按键 BUTTON 的有效控制。

但计数的$\overline{INT0}$和按键$\overline{INT1}$都是外部中断，程序中中断优先设置 IP 为 0x04，即$\overline{INT1}$优先，大家可以试试分别取值为 0x04（$\overline{INT1}$优先）、0x01（$\overline{INT0}$优先）、0x00（$\overline{INT0}$与$\overline{INT1}$同级），看看按键 BUTTON 能否停止 P1 口的电平变化。

（6）思考

在 PLUS 变量定义前的 static，使得 PLUS 具有什么样的特性？

习 题

3.1 判断题

（1）MCS-51 单片机外部中断请求信号可以设置成低电平激活外部中断。

（2）51 单片机中，在 IP = 0x00 时，优先级最高的中断是$\overline{INT0}$。

（3）51 单片机的中断源有$\overline{INT0}$、$\overline{INT1}$、T0、T1 和串口。

（4）中断函数的调用是在满足中断的情况下，自动完成函数调用的。

（5）特殊功能寄存器 TCON 锁存 4 个中断源的中断请求标志。

（6）只要中断允许寄存器 IE 中的 EA = 1，那么中断请求就一定能够得到响应。

3.2 选择题

（1）关于中断下列说法错误的是（　　　）。

A. 同一级别的中断请求按时间的先后顺序响应

B. 同一时间同一级别的多中断请求，将形成阻塞，系统无法响应

C. 低优先级中断请求不能中断高优先级中断请求，但是高优先级中断请求能中断低优先级中断请求

D. 同级中断不能嵌套

（2）单片机中断标记位存放在（　　）寄存器中。

A. IE 和 SBUE   B. IP 和 TMOD

C. TCON 和 TMOD   D. TCON 和 SCON

3.3 引脚 P1.4~P1.7 中断如何使用？

3.4 中断服务子程序与普通子程序的异同。

3.5 8051 有几个中断源？各中断标志是如何产生的？又是如何复位的？

3.6 请写出 51 单片机的 5 个特殊功能寄存器 IE、IP、TCON、TMOD、SCON 的功能，详细到每位的功能。

3.7 什么是中断优先级？中断优先级处理的原则是什么？

3.8 8051 怎么管理中断？怎样开放和禁止中断？怎么设置优先级？

3.9 外部中断源有电平触发和边沿触发两种触发方式，这两种触发方式所产生的中断过程有何不同？怎样设定？

3.10　请说明中断服务函数的编写方法？简述中断函数的特征及与子函数的主要应用区别。

3.11　如习题3.11电路图所示，请编程实现将LED灯循环显示的循环次数在数码管上显示，显示范围为00~99。

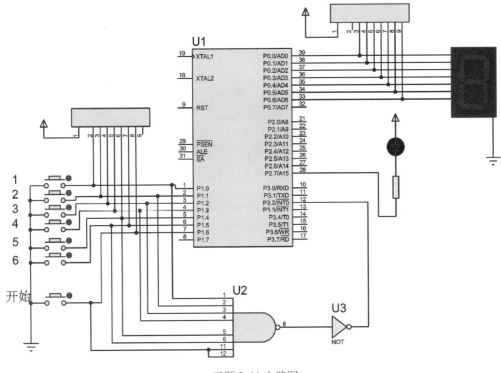

习题3.11电路图

单元 4

定时器/计数器

MCS-51 单片机自带 16 位定时器/计数器，可以提供多种方式的定时/计数功能，满足应用需求。本章主要介绍 51 单片机的 2 个 16 位定时器/计数器的概念和典型应用案例。

> 重点：定时器的结构、寄存器的概念和应用；
> 难点：定时器延时的计算应用。

4.1 定时器/计数器概念

实验视频：
1. 电子时钟
2. 计数器

51 系列单片机至少有两个加 1 方式的 16 位内部定时器/计数器（T/C）。两个基本定时器/计数器分别是定时器/计数器 T0 和 T1，具有计数功能和定时功能。计数功能是指引脚 T0（P3.4）和 T1（P3.5）对外部脉冲信号的计数；定时功能是指对内部机器时钟进行计数。

（1）定时器/计数器的结构

定时器/计数器 T0 由 TH0 和 TL0 组成，定时器/计数器 T1 由 TH1 和 TL1 组成，其中 TH0 和 TH1 表示高 8 位，TL0 和 TL1 表示低 8 位，它们的运行控制由特殊功能寄存器 TCON 的高 4 位和 TMOD 控制。寄存器 TMOD 用来确定工作方式（见表 4.1）；TCON 是控制寄存器，用来控制 T0 和 T1 启动、计数、停止以及存放溢出标志等。定时器/计数器的结构图如图 4.1 所示。

表 4.1 定时/计数控制寄存器 TMOD

位序	D7	D6	D5	D4	D3	D2	D1	D0
位符号	GATE	C/$\bar{\text{T}}$	M1	M0	GATE	C/$\bar{\text{T}}$	M1	M0
定时器	T1				T0			

- GATE：门控位

  GATE = 0，启动不受$\overline{\text{INT0}}$或$\overline{\text{INT1}}$的控制，只受 TRx 控制；

  GATE = 1，启动受$\overline{\text{INT0}}$或$\overline{\text{INT1}}$的控制和 TRx 控制。

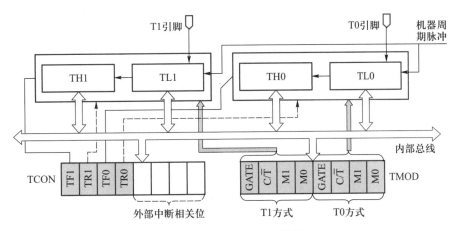

图 4.1　定时器/计数器的结构图

- C/$\overline{\text{T}}$：外部计数器 / 定时器方式选择位

    C/$\overline{\text{T}}$=0，定时方式，计内部机器周期；

    C/$\overline{\text{T}}$=1，计数方式，计引脚上的脉冲数。

- M1M0：工作模式选择位（编程可决定四种工作模式）

（2）定时器/计数器的工作方式

定时器/计数器有 4 种工作方式，通过 TMOD 的 M1 和 M0 选择（见表 4.2）。两个定时器/计数器的方式 0、1 和 2 都相同，方式 3 不同。

表 4.2　M1M0 工作模式选择

M1M0	工作模式	功　　能
0　0	方式 0	13 位定时器/计数器（TH 8 位+TL 低 5 位）。溢出值为 2^{13}
0　1	方式 1	16 位定时器/计数器（TH 8 位+TL 8 位）。溢出值为 2^{16}
1　0	方式 2	8 位定时器/计数器（自动重装初值，TL 计数，TH 放重装值）。溢出值为 2^{8}
1　1	方式 3	T0 中 TH0 和 TL0 为两个独立 8 位定时器/计数器分别置 TF1 和 TF0；T1 停止工作。溢出值为 2^{8}

注：1. 复位后，TMOD 的值全为 0，即默认是 13 位定时器工作方式。

　　2. 溢出值是最大计数值加 1，此时系统自动置相应的标记位，TCON 中的 TFx 位为 1。

定时器/计数器作为定时功能时，是对系统时钟信号经 12 分频后的内部脉冲信号（机器周期）计数。由于系统时钟频率是定值，可根据计数值计算出定时时间，通常可以做延时时间的设定。定时时间的计算公式为（2^{n} - 计数初值）×12×晶振振荡周期，2^{n} 为各计数器的溢出值。两个定时器/计数器属于增 1 计数器，即每计一个脉冲，计数器增 1。

计数器模式时，计数脉冲来自外部输入引脚 T0 或 T1。当输入信号产生负跳变时，计数值增 1。每个机器周期 S5P2 期间，都对外部输入引脚 T0 或 T1 进行采样。如在第 1 个机器周期中采得值为 1，而在下一个机器周期中采得值为 0，则在紧跟着的再下一个机器周期 S3P1 期间，计数器加 1。由于确认一次负跳变要花 2 个机器周期，即 24 个振荡周期，因此外部输入的计数脉冲的最高频率为系统晶振振荡频率的 1/24。

如选用 6 MHz 晶体，允许输入脉冲频率最高为 250 kHz；如选用 12 MHz 频率晶体，则可输入最高频率 500 kHz 外部脉冲。对外输入信号占空比没有限制，但为确保某一给定电平在变化前能被采样 1 次，则该电平至少保持 1 个机器周期。故对外部计数输入信号的要求如图 4.2 所示，图中 T_{cy} 为机器周期。

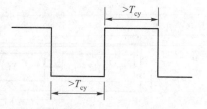

图 4.2 对外部计数输入信号的要求

• 方式 0：当 M1M0＝00 时，设置为方式 0，T/C 寄存器配置为 13 位，包含 THn（n 取 0 或 1）全部 8 位及 TLn 的低 5 位，TLn 的高 3 位不定，可将其忽略。TLn 的低 5 位计到全 "1" 时再加 "1"，向 THn 进位，当 THn 和 TLn 计到 "1111 1111 ×××1 1111" 再加 "1"，则为满计数值（溢出值）2^{13}，置 TFn 为 "1"。计数值的范围是 1~8192。

定时器/计数器方式 0 的逻辑结构框图如图 4.3 所示（以 T1 为例，TMOD.5TMOD.4＝00）。

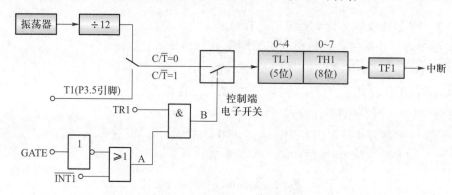

图 4.3 定时器/计数器方式 0 的逻辑结构框图

图 4.3 中，控制端电子开关决定两种工作模式。

① 为 0，电子开关打在上面，T1（或 T0）为定时器工作模式，系统时钟 12 分频后的脉冲作为计数信号。

② 为 1，电子开关打在下面，T1（或 T0）为计数器工作模式，对 P3.5（或 P3.4）引脚上的外部输入脉冲计数，当引脚上发生负跳变时，计数器加 1。

GATE 位状态决定定时器/计数器运行控制取决于 TRx 引脚状态一个条件，还是取决于 TRx 和 $\overline{INT}x$ 引脚状态两个条件。

① 当 GATE＝0 时，A 点电位恒为 1，B 点电位仅取决于 TRx 引脚状态。当 TRx＝1 时，B 点为高电平，控制端控制电子开关闭合，允许 T1（或 T0）对脉冲计数；当 TRx＝0 时，B 点为低电平，电子开关断开，禁止 T1（或 T0）计数。

② 当 GATE＝1 时，B 点电位由 $\overline{INT}x$（x＝0，1）的电平和 TRx 的引脚状态两个条件来确定。当 TRx＝1，且 $\overline{INT}x$＝1 时，B 点才为 1，电子开关闭合，允许 T1（或 T0）计数。故这种情况下计数器是否计数是由 TRx 和 $\overline{INT}x$ 引脚状态两个条件来共同控制的。

• 方式 1：当 M1M0＝01 时，工作于方式 1，等效电路逻辑结构见图 4.4。方式 1 与方式 0 基本相同，只是 T/C 寄存器配置为 16 位，包含 THn 全部 8 个位及 TLn 的全部 8 位，TLn 的 8 位计到全 "1" 时再加 "1"，向 THn 进位，当 THn 和 TLn 计到 "1111 1111 1111 1111" 再加 "1"，则为满计数值（溢出值）2^{16}，置 TFn 为 "1"。计数值的范围是 1~65 536。

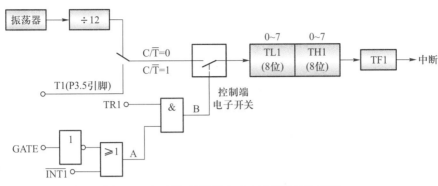

图 4.4 定时器/计数器方式 1 的逻辑结构框图

• 方式 2：当 M1M0 = 10 时，工作于方式 2，其逻辑结构框图如图 4.5 所示（以 T1 为例，$x = 1$）。方式 0 和方式 1 最大特点是计数溢出后，计数器为全 0。因此在循环定时或循环计数应用时就存在用指令反复装入计数初值的问题，这会影响定时精度，方式 2 就是为解决此问题而设置的。方式 2 为自动恢复初值（初值自动装入）的 8 位定时器/计数器，TLx（$x = 0$，1）作为常数缓冲器，当 TLx 计数溢出时，在溢出标志 TFx 置"1"的同时，还自动将 THx 中的初值送至 TLx，使 TLx 从初值开始重新计数。定时器/计数器方式 2，满计数值（溢出值）为 2^8，即计数值的范围是 1~256（T1 此方式可用作串口波特率发生器）。

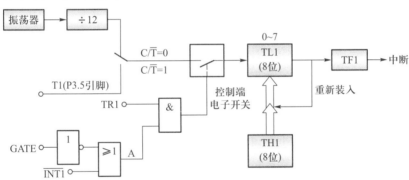

图 4.5 定时器/计数器方式 2 逻辑结构框图

• 方式 3：TMOD 的低 2 位为 11 时，T0 被选为方式 3，各引脚与 T0 的逻辑关系见图 4.6。方式 3 是为增加一个附加的 8 位定时器/计数器而设置的。方式 3 只适用于 T0，T1 没有工作方式 3，T1 方式 3 时相当于 TR1 = 0，停止计数。

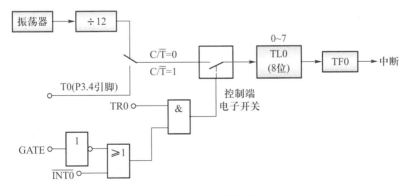

(a) TL0作为8位定时器/计数器

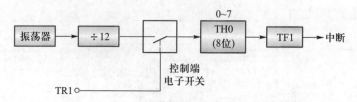

(b) TH0作为8位定时器

图 4.6 定时器/计数器方式 3 的逻辑结构框图

方式 3 下的 T0 分为两个独立的 8 位计数器 TL0 和 TH0，TL0 使用 T0 的状态控制位 C/$\overline{\text{T}}$（定时器/计数器）、GATE、TR0 和 TF0，而 TH0 被固定为一个 8 位定时器（不能作为外部计数模式），并使用定时器 T1 的状态控制位 TR1，同时占用定时器 T1 的中断请求源 TF1。

4.2 定时器/计数器工作原理

🖉 动画：
定时器

51 系列单片机中定时计数寄存器 THn 和 TLn 都是加 1 计数器，在复位时计数值全部为零，但计数值并不是必须从零开始，可以从某个值开始计数，也就是说可以用程序给计数寄存器装载个数，让计数寄存器从这个数开始计数，程序装载的这个数称为"预置值"，显然有关系：

$$溢出值 = 预置值 + 计数值 \qquad 式（4.1）$$

溢出值是由我们选定工作方式决定的，或 13 位、或 16 位、或 8 位；计数值与定时时间有关。选择定时时，单片机定时/计数寄存器计内部机器周期，计 1 个数即 1 个机器周期，需要 12 个振荡周期，已知系统振荡频率为 f_{osc}，周期为 $1/f_{\text{osc}}$，则有：定时/计数寄存器加 1 需要 $1/f_{\text{osc}}$，加 n 需要 n/f_{osc}。如果已知定时时间 x，则有关系：

$$x = n/f_{\text{osc}} \qquad 式（4.2）$$

式中的 n 是计数值，x 是定时时间或延时时间（单位是 s），f_{osc} 是系统振荡频率（单位是 Hz）。

把式（4.1）和式（4.2）结合起来，有

$$溢出值 = 预置值 + x \times f_{\text{osc}}$$

即

$$预置值 = 溢出值 - 定时时间 \times f_{\text{osc}}$$

预置值是要用程序装载到定时/计数寄存器 TH 和 TL 中的数据。

如：若 $f_{\text{osc}} = 12\,\text{MHz}$，一个机器周期为 $\dfrac{12}{f_{\text{osc}}} = 1\,\mu\text{s}$，要求定时器/计数器 T0 定时 1 ms，求计数初值。

① 假使 T0 工作在方式 1，设计数初值为 X，则有：$(2^{16} - X) \times 1\,\mu\text{s} = 1000\,\mu\text{s}$，即 $X = 2^{16} - 1000 = 64536$，将 64536 化为十六进制，即 0xFC18，把 0xFC 送入 TH0，0x18 送入 TL0 中即可完成 1 ms 的定时。即

THO = 0xFC；

TL0 = 0x18；

或直接写为以下语句，在程序编译时会自动计算表达式，换算成对应的数值给 TH 和 TL 赋值：

THO = (65536-1000)/256；

TL0 = (65536-1000)%256；

② 若 T0 工作在方式 0，设计数初值为 X，则有：$X = 2^{13} - 1000 = 7192$，将 7192 化为二进制，即 1110000011000B，把高 8 位 0xE0 送入 TH0，低 5 位 0x18 送入 TL0 中即可完成 1 ms 的定时。即

　　TH0 = 0xE0；

　　TL0 = 0x18；

或直接写为以下语句：

　　TH0 = (8192 - 1000)/32；

　　TL0 = (8192 - 1000)%32；

可以看出，在 12 MHz 时钟频率下，方式 2 所能达到的最大定时时间为 256 μs，在此例不适于直接定时。

当然在计数方式下，由于不是计内部时钟，与系统振荡频率没有关系，所以有：计数初值 $X = 2^n -$ 待计数的值（$n = 13/16/8$）。假使 T0 工作在方式 2，要求计数 100 个脉冲到达溢出值，其计数初值为 X，有 $X = 2^8 - 100 = 156$。

定时器/计数器设置步骤如下：

用 TMOD 设置工作方式→设置 TH、TL 计数预置值→如果使用中断则设置中断参数（允许 IE、优先 IP），如果不使用中断此节跳过→开启定时计数 TCON；如果用中断，则须有中断函数对应功能。

微课：
定时器中断应用

4.3　应用案例

4.3.1　方波发生器

（1）功能描述

在单片机的 P1.1 口输出一方波，并通过按键可以改变其周期。通过案例学会中断法编程，使定时器/计数器产生符合指定频率的方波。

（2）仿真电路

该电路较简单，只需在单片机的 P3.2 口接一个独立按键。为了直观地看到产生的方波波形，将单片机 P1.1 口连接至示波器的其中一路通道，同时连接一蜂鸣器。方波发生器仿真电路如图 4.7 所示。

（3）实现思路

在程序设计中，定义一个整形变量 x 为计数初值，并设定最大值为 65536，将 x 的高 8 位和低 8 位分别赋给计数单元 TH0 和 TL0，一旦计数器溢出，将 P1.1 的输出取反，同时为了保证下一次在同样的时间溢出，对计数单元 TH0 和 TL0 重新赋初值。如此反复，在 P1.1 口输出一方波信号。按键连接至单片机的外部中断输入端口

教学案例：
1. time_PWM
2. 开门狗实验
3. 定时器 1 的相位修正 PWM 实验
4. 定时器 1 的普通模式实验
5. 定时器 1 的快速 PWM 实验
6. 定时器 1 的捕捉比较控制轰鸣器实验
7. 定时器 1 的捕捉比较控制 LED 实验
8. 定时器 0 溢出中断实验
9. 定时器 0 的相位修正 PWM 实验
10. 定时器 0 的快速 PWM 实验

$\overline{\text{INT0}}$，为了实现通过按键修改方波周期，在外部中断$\overline{\text{INT0}}$的中断处理程序中，对 x 进行修改，每次修改的步幅为 500。

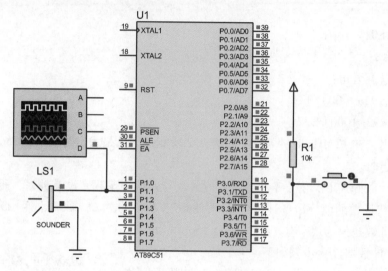

图 4.7   方波发生器仿真电路

（4）程序分析

在程序中包含了两个中断函数 timer0( )、ext0( ) 和一个主函数 main( )。中断函数 timer0( )设定定时时间和产生方波；中断函数 ext0( )通过按键修改计数初值，改变定时时间；主函数 main( )完成初始化工作，包含了对外部中断 0 和定时器/计数器 T0 初始化；打开中断，同时需要对定时器/计数器 T0 计数单元赋初值。方波发生器参考程序如下：

```
1      #include<reg51. h>
2      #define bj 500
3      unsigned   int x = 63536;
4      sbit P1_1 = P1^1;
5
6      void timer0(void) interrupt 1          //定时器/计数器 T0 中断服务程序
7      {
8        TH0 = x/256;   TL0 = x%256;          //装入时间常数
9        P1_1 = !P1_1;                        //P1.1 取反
10     }
11
12     void ext0(void) interrupt 0
13     {   x− = bj;
14       if(x< = 500) x = 63536;
15     }
16
17     void main(void)
```

```
18      {
19          TMOD = 0x01；                    //定时器/计数器 T0 方式 1
20          TH0 = x/256；  TL0 = x%256；；    //装入时间常数
21          TCON = 0x11；                    //启动定时器    或 TCON = 0x10
22          IE = 0x83；                      //开全局中断    或 IE = 0x82
23          while( 1 ) ；                    //主程序空等待
24      }
```

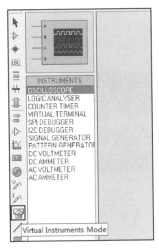 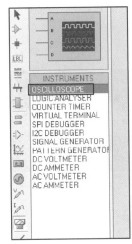

图 4.8 "示波器" 选择方法

程序中：

第 3 行定义了 x 变量，赋值 63536 = 65536 - 2000，即在 12 MHz、定时器方式 1 的情况下，默认系统是 2 ms 波形翻转一次，即周期是 4 ms；

第 12~15 行是外部中断按键，改变脉冲的周期，每按一次改变的步进为 500，低于 500 后则回到最大值，显然，周期 4 ms 是最小周期，按键按下可以增大脉冲周期。

（5）调试与说明

在 Proteus 库中 "示波器" 选择方法如图 4.8 所示。

本例是按键每按一次，方波周期变化 2×500，如图 4.9 所示，可以通过示波器观察；蜂鸣器发出声音。

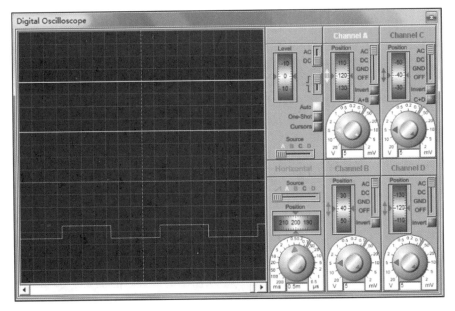

图 4.9 示波器观察波形

（6）思考

① 产生的方波周期如何计算？

② 如何将程序改为定时器查询法编程？

4.3.2　电子钟

🔗 教学课件：
电子闹钟

（1）功能描述

利用单片机定时器完成 8 位数码管显示"时时–分分–秒秒"。进一步掌握定时器/计数器的定时中断编程方法。

（2）仿真电路

电子钟仿真电路如图 4.10 所示。

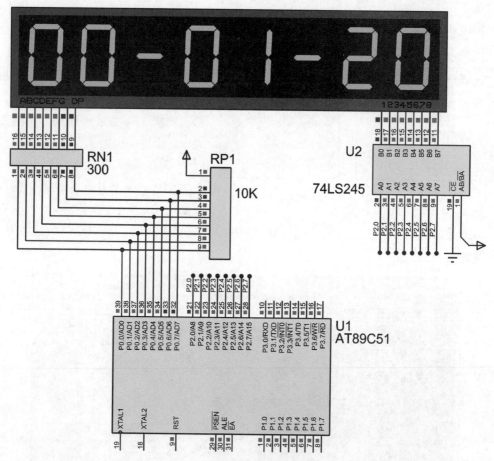

图 4.10　电子钟仿真电路

（3）实现思路

在程序设计中有一个重点就是要产生 1 s 的定时时间，根据之前介绍的定时器基本原理知道，在晶振为 12 MHz 情况下，定时器的一次溢出的最长时间也只有 65 ms 多一点。因此可以定义一变量用以统计定时器溢出的次数，如定时器一次溢出时间为 50 ms，20 次溢出即可以达到 1 s 的时间。设计中采用 8 位一体的数码管显示时间，为了保证稳定的显示效果，应该将动态显示程序放置在无限循环中。

（4）程序分析

程序由延时函数 delay( )、数码管显示函数 display( )、定时器中断函数_t0_( )和主函数 main( )构成。定时器中断函数_t0_( )是完成 1 s 精确定时，到了 1 s 将标记位 bzie 置 1，等待主函数 main( )处理。

在程序中设置定义一数组 led[8]，用于保存要显示的时分秒以及时分秒之间分隔符的段码信号。1 s 时间到的情况下，修改数组的内容，数码管显示的内容也就更新了。主程序流程图如图 4.11 所示。

电子钟参考程序如下：

```
1    #include<reg51. h>
2    #define uchar unsigned char
3    code uchar    display_code[ ] = {0x3F, 0x06,
     0x5B, 0x4F, 0x66, 0x6D, 0x7D, 0x07,0x7F,
     0x6F,0x40};
4    code uchar    Tab[ ] = {0xFE,0xFD,0xFB,
     0xF7,0xEF,0xDF,0xBF,0x7F};
5    bit    bzie = 1,dir;
6    unsigned int x = 0;
7    uchar led[8];          //数组长度要给出
8
9    void delay( )
10   {
11      unsigned int t = 500;
12      while(t--);
13   }
14
15   void display( )
16   {   unsigned char i = 0;
17      for( i = 0;i<8;i++)
18      {
19      P0 = 0x0;
20      P2 = Tab[i];       P0 = led[i];
21      delay( );
22      }
23   }
```

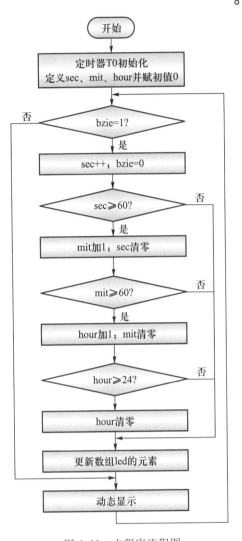

图 4.11 主程序流程图

```
24
25     void _t0_( ) interrupt 1
26     {
27     TH0 = 0x3C;              //15536/256;
28     TL0 = 0xB0;              //15536%256;
29       if( ( ++x) = = 20)
30         {  x = 0;   bzie = 1;  }
31     }
32
33     void main( )
34     {
35     char   hour = 0, mit = 0, sec = 0;
36     IE = 0x82; TMOD = 0x01; TCON = 0x10;
37     TH0 = 15536/256;     //延时 50 ms,计数=延时时间/12 倍晶振周期
38     TL0 = 15536%256;    //15536 = (65536-50000)
39     led[2] = display_code[10]; led[5] = display_code[10];
40       while(1)
41         {
42         if( bzie)
43           {
44              if( ( ++sec) > = 60)
45                {
46               sec = 0;
47                  if( ( ++mit) > = 60)
48                    {
49                  mit = 0;
50                  if( ( ++hour) > = 24) hour = 0;
51                    }
52                }
53     led[0] = display_code[hour/10]; led[1] = display_code[hour%10];
54     led[3] = display_code[mit/10]; led[4] = display_code[mit%10];
55     led[6] = display_code[sec/10]; led[7] = display_code[sec%10];
56       bzie = 0;
57         }
58       display( );
59       }
60     }
```

程序中：

第 7 行定义的具有 8 个 unsigned char 类型元素的数组，是存放在 8 位数码管上显示的数据段码，分别对应小时 hour 的两位、分钟 mit 的两位、秒 sec 的两位；

第 25~31 行是计秒的功能，该中断函数每 50 ms 产生一次（65536−50000=15536），20 个 50 ms 是 1 s，到 1 s 设置标志位 bzie 为 1；

第 36 行是设置定时器中断允许、工作方式和开启定时计数；

第 39 行是数码管显示时时-分分-秒秒的间隔符段码 "−"；

第 42~52 行是在秒标记到了情况下，完成秒、分、时的计算；

第 53~55 行是将时分秒数据转换成显示段码，放在显示数组中；

第 56 行在处理过时分秒的计数后，清除秒标记位 bzie。

（5）调试与说明

案例的仿真效果如图 4.10 所示，在调试时为了能够短时间内看到 "分" 向 "小时" 的进位，可以减小 1 "秒" 的仿真时间。

（6）思考

本程序只使用了一个 16 位的定时器/计数器 T0，完成 "秒" 定时，在程序里使用了延时函数用于数码管显示的延时。大家试试开启定时器/计数器 T1，完成数码管显示的延时作用。

另在仿真时该程序有一个弊端，就是仿真计时时，并不是从 "00-00-00" 开始，而是从 "00-00-01" 开始，分析一下原因，并提出解决方案。

4.3.3　可逆计时电子表

（1）功能描述

在 4.3.2 节电子钟案例的基础上，增加一个正计时和倒计时的控制按键，学会定时器/计数器与外部中断的配合使用方法与技巧。

（2）仿真电路

该案例的仿真电路在图 4.10 基础上，在单片机 P3.2 口增加 1 个独立按键，用于控制正计时和倒计时，如图 4.12 所示。

（3）实现思路

该案例的实现思路与 4.3.2 节的电子钟案例相同，在电子钟案例的程序基础上增加一正计时和倒计时的控制按键（程序中定义为 dir），由于按键连接到单片机的外部中断 $\overline{INT0}$ 输入端口，因此在外部中断 $\overline{INT0}$ 的中断处理程序中对 dir 取反，即可以实现正计时和倒计时的切换。

（4）程序分析

程序由外部中断函数_key_()、定时器/计数器 T0 中断函数_t0_()、定时器/计数器 1 中断函数 display() 和主函数 main() 构成。外部中断函数_key_() 完成按键控制定时的正计时、逆计时方式；定时器/计数器 T0 中断函数_t0_() 完成 "秒" 定时标记；定时器/计数器 T1 中断函数 display() 完成每隔定时时间送显一位数码管，实现动态数码管显示；主函数 main() 则是负责初始化、时分秒的进位计算和显示段码的处理，当 1 s 时间到后，先判断 dir 的取值，如果 dir 为 1 则实现正计时功能，程序部分与电子钟案例程序一样；如果 dir 为 0，则实现倒计时功能。可逆计时电子表主程序流程图如图 4.13 所示。

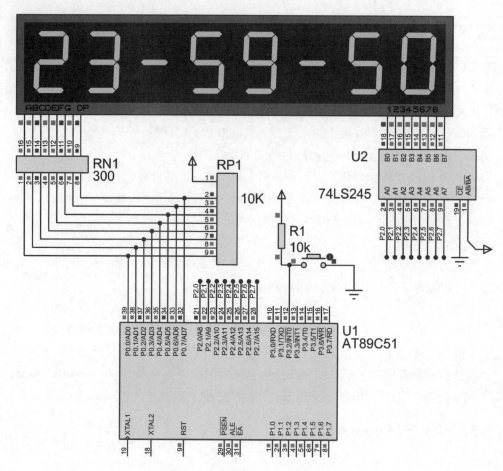

图 4.12　可逆计时电子表仿真电路

参考源程序如下：

```
1    #include<reg51. h>
2    #define uchar unsigned char
3    code uchar   display_code[ ] = {0x3F, 0x06, 0x5B, 0x4F, 0x66, 0x6D, 0x7D,0x07,
     0x7F, 0x6F,0x40};
4    code uchar   Tab[ ] = {0xFE,0xFD,0xFB,0xF7,0xEF,0xDF,0xBF,0x7F};
5    bit   bzie = 1,dir;      unsigned int x = 0;
6    uchar led[8];             //数组长度要给出
7
8    void display( )interrupt 3
9    {
10      static char i = 0;
11      P0 = 0;P2 = Tab[i];   P0 = led[i];
12      if( ++i = = 8) i = 0;
13   }
14
```

```
15      void _t0_( ) interrupt 1
16      {
17        TH0 = 0x3C;              //15536/256;
18        TL0 = 0xB0;              //15536%256;
19        if( ( ++x) = = 20)
20            {  x = 0;   bzie = 1; }
21      }
22
23      void _key_( ) interrupt 0
24      {   dir = !dir;   }
25
26      void main( )
27      {
28        char   hour = 0, mit = 0, sec = 0;
29        IE = 0x8b; IP = 0x02; TMOD = 0x21; TCON = 0x51;
30        TH0 = 15536/256;        //延时 50 ms, 计数 = 延时时间/12 倍晶振周期
31        TL0 = 15536%256;
32        TH1 = 0x30; TL1 = 0x30;
33        led[ 2] = display_code[ 10]; led[ 5] = display_code[ 10];
34        while( 1)
35          {
36            if( bzie)
37              {
38              if( dir)
39                {
40                  if( ( ++sec) > = 60)
41                    {
42                    sec = 0;   if( ( ++mit) > = 60)
43                      {
44                      mit = 0; if( ( ++hour) > = 24) hour = 0;
45                      }
46                    }
47                }
48          else {
49              if( ( --sec) < 0)
50                {
51                sec = 59;
52            if( ( --mit) < 0)
```

```
53                              {
54                      mit = 59; if( ( --hour )<0) hour = 23;
55                                  }
56                          }
57                      }
58      led[ 0 ] = display_code[ hour/10 ]; led[ 1 ] = display_code[ hour%10 ];
59      led[ 3 ] = display_code[ mit/10 ]; led[ 4 ] = display_code[ mit%10 ];
60      led[ 6 ] = display_code[ sec/10 ]; led[ 7 ] = display_code[ sec%10 ];
61      bzie = 0;
62                  }
63              }
64      }
```

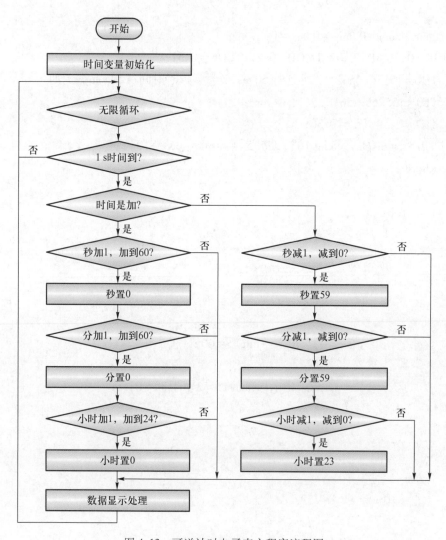

图 4.13　可逆计时电子表主程序流程图

程序中：

第 5 行定义了一个 bit 类型的变量 dir，决定时间是加秒（dir=1）还是减秒（dir=0）；

第 10 行定义了一个静态 static 变量 i，用于数码管位的选择，其生命存在是全局的；

第 23、24 行是按键中断，选择加或减计时方式；

第 29 行开启定时器/计数器 T1（数码管显示）为 8 位自装载方式、定时器/计数器 T0（秒计数）为 16 位方式和外部中断 $\overline{INT0}$（按键）下降沿触发中断，设置秒中断优先。

其他内容和电子钟方式相同。

（5）调试与说明

在程序里对 dir 在初始化时没有给定值，默认是 0，所以在没有按键按下时，程序复位后默认是逆计时。可以根据需要改变初始化的 dir 值。

（6）思考

在该案例中定时器/计数器 T1 的作用是什么？如何实现的？

4.3.4　定时与计数器

（1）功能描述

定时器/计数器的工作方式有定时和计数两种方式，在前面方波、电子钟的案例中，应用到的是定时器/计数器的定时功能，在本案例中用定时器/计数器分别实现定时与计数功能。本案例的功能是分别统计 3 个独立按键按下的次数，用数码管显示，通过 3 只 LED 指示是哪一个按键，与 3.4.2 节功能类似，但是实现的方法稍有区别，通过本案例了解并掌握定时器/计数器的定时与计数配置及中断事件使用方法，学会多中断的设置与使用。

（2）仿真电路

本电路主要包括单片机、两位一体数码管、3 个独立按键和 3 只 LED。其中 3 只 LED 采用 Proteus 库中自带的交通灯模块，三种颜色正好用于指示 3 个独立按键。三个独立按键分别连接至单片机的外部中断 $\overline{INT0}$（P3.2）、外部中断 $\overline{INT1}$（P3.3）和定时器/计数器 T1 的脉冲输入端口 P3.5。单片机的 P0 口连接至数码管的段（注意：仿真时可以不加限流电阻，实际电路必须加上限流电阻），同时接上拉电阻，P2 口的高两位通过反相器驱动数码管的两个位。具体仿真电路如图 4.14 所示。

（3）实现思路

由于 3 个独立按键分别连接至单片机的外部中断 $\overline{INT0}$（P3.2）、外部中断 $\overline{INT1}$（P3.3）和定时器/计数器 T1 的脉冲输入端口 P3.5，因此前两个按键 k1 和 k2 的识别采用两个外部中断。由于定时器/计数器既有定时的功能也有计数的功能，因此在本程序设计中，使用定时器/计数器的计数功能，即对外部脉冲的计数来实现对按键 k3 的识别。定义一个全局变量 key，当有按键按下时，在相应的中断服务程序中对 key 修改，在主程序无限循环中根据 key 的取值进行分支，从而控制数码管的显示和 LED 的指示。除此之外，数码管的动态显示通过定时器/计数器 T0 来实现。因此在本程序设计中采用了 4 个中断，分别为 2 个外部中断和 2 个定时器中断，在初始化时务必注意中断优先级的设置。

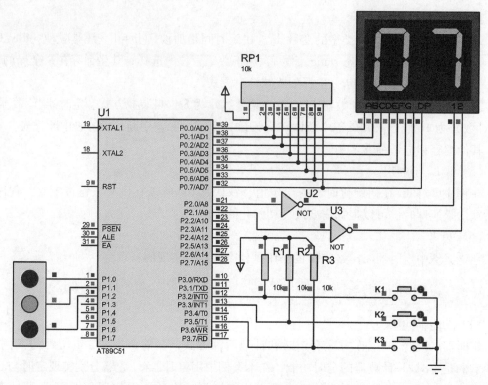

图 4.14   案例 4.3.4 仿真电路

（4）程序分析

程序的结构是由 5 个部分构成，分别是外部中断 0 函数 disW( )、外部中断 1 函数 disG( )、定时器/计数器 T0 中断函数 display( )、定时器/计数器 T1 中断函数 disC( ) 和主函数 main( )。

外部中断 0 函数 disW( )、外部中断 1 函数 disG( ) 和定时器/计数器 1 中断函数 disC( ) 都是分别对引脚输入的脉冲信号加 1；定时器/计数器 0 中断函数 display( ) 是用于数码管动态显示，即每隔一段时间送显一位数码管；主函数 main( ) 在完成中断等参数初始化后，主要是根据外部输入的信号，更新显示的数据。

由图 4.14 可以看到，2 个外部中断和定时器/计数器 T1 分别用于对 3 个独立按键的识别，定时器/计数器 T0 用于实现动态显示 3 个独立按键按下的次数。2 个外部中断程序在这里不再赘述，具体见前面案例。由于按键 k3 的识别是通过定时器/计数器 T1 的计数功能实现的，为了保证按键按下后能够进入相应的中断服务程序进行处理，将 T1 的计数单元 TH1 和 TL1 的值都设定为计数最大值 0xFF，这样一旦按键按下，则计数器溢出，立即进入中断服务程序，为了保证下一次的正常识别，在定时器/计数器 T1 的中断服务程序中需要对 TH1 和 TL1 重新设置为最大值 0xFF。

在程序中定义了一全局变量 key，在按键的识别中断程序中对 key 修改，在无限循环中使用 switch 语句进行分支选择，从而实现了案例的功能。

主函数流程图如图 4.15 所示。

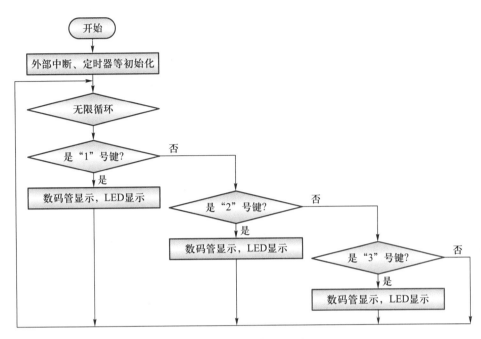

图 4.15　主函数流程图

源程序如下：

```
1    #include <reg51. h>
2    #define uchar unsigned char
3    uchar displayD[2];                    //显示 2 位数据段码缓冲单元
4    uchar code displayW[ ] = {0x02,0x01};    //显示位码
5    uchar code displayB[ ] = {0x3F, 0x06, 0x5B, 0x4F, 0x66, 0x6D, 0x7D, 0x07,0x7F,
     0x6F};
6    sbit led1 = P1^0;    sbit led2 = P1^1; sbit led3 = P1^2;
7    uchar i = 0, key = 0;
8    uchar NUMW = 0, NUMC = 0, NUMG = 0;      //计数初值
9
10   void   disW( ) interrupt 0   using 1         //led1
11   {
12     if( ( ++NUMW) = = 100) NUMW = 0;
13     key = 0x01;
14   }
15
16   void   disG( ) interrupt 2   using 1         //led2
17   {
18     if( ( ++NUMC) = = 100) NUMC = 0;
19     key = 0x02;
20   }
```

```
21
22      void    disC( ) interrupt 3   using 1              //led3
23      {
24        if( ( ++NUMG) = = 100) NUMG = 0;
25        TH1 = 0xFF;    TL1 = 0xFF;
26        key = 0x03;
27      }
28
29      void    display( ) interrupt 1    using 2          //显示程序
30      {
31        TH0 = (65536−5 * 11059/12)/256;          //5 ms
32        TL0 = (65536−5 * 11059/12)%256;
33        P0 = 0x00;
34        P2 = displayW[ i];     P0 = displayD[ i];
35        if( ++i = = 2) i = 0;
36      }
37
38      void  main( )
39      {
40        IE = 0x8F; TMOD = 0x51; IP = 0x02;
41        TH1 = 0xFF; TL1 = 0xFF;
42        TH0 = (65536−5 * 11059/12)/256;          //5 ms
43        TL0 = (65536−5 * 11059/12)%256;
44        TCON = 0x55;                             //下降沿触发，0x50 电平触发
45        led1 = 0; led2 = 0; led3 = 0;
46        P2 = 0x0FF;
47        displayD[ 0] = 0x3f; displayD[ 1] = 0x3F;
48        while( 1)
49          {
50        switch( key)
51          {
52      case 0x01: displayD[ 1] = displayB[ NUMW/10];
53                 displayD[ 0] = displayB[ NUMW%10];
54                 led1 = 1; led2 = 0; led3 = 0; break;
55      case 0x02: displayD[ 1] = displayB[ NUMC/10];
56                 displayD[ 0] = displayB[ NUMC%10];
57                 led1 = 0;  led2 = 1; led3 = 0; break;
58      case 0x03: displayD[ 1] = displayB[ NUMG/10];
59                 displayD[ 0] = displayB[ NUMG%10];
```

```
60                  led1 = 0;led2 = 0;led3 = 1;break;
61    default:    break;
62                        }
63              }
64      }
```

程序中：

第 4 行、第 5 行中的 uchar code 和前文程序中的 code uchar 对于编译器来说表达的功能是一致的；

第 7 行定义的变量 i 是数码管显示位用的，key 处理的是数码管和 LED 对应的状态；

第 10~27 行分别处理 3 个独立按键的输入数据，其中第 22~27 行是定时器/计数器的计数方式，也是处理外部输入信号的方式；

第 29~36 行是数码管显示，用了定时器/计数器 T0 做定时方式，定时的时间为 5 ms；

第 40 行设定了允许 T1、T0、$\overline{\text{INT1}}$、$\overline{\text{INT0}}$ 这 4 个中断，其中：定时器/计数器 T1 是 16 位计数方式、定时器/计数器 T0 是 16 位定时方式，且 T0 中断为高优先级；由于 T0 中断是用于数码管动态显示的延时，设为高优先级优先是为了数码管动态扫描显示，不会因为其他中断程序的处理而出现显示停顿现象；

第 41 行给 T1 的预置值装的是临界值 0xFFFF，也就是只要 T1 加 1 就进溢出中断，同理如果想加 2 进溢出中断，则 TH1 = 0xFF，TL1 = 0xFE 即可。

（5）调试与说明

在调试时分别使用了定时器/计数器的定时（T0）和计数（T1）功能，由于其结构的原因，不能做到一个定时器/计数器同时做定时和计数工作。

（6）思考

如果要对 3 个以上的引脚记录输入脉冲信号，应该如何考虑？

4.3.5　脉宽测量

（1）功能描述

利用定时器/计数器精确测量脉冲宽度，精度可达微秒级别。应了解并学会使用 TMOD 的门控位 GATEx、定时器/计数器与 $\overline{\text{INT}x}$ 精确计算脉冲宽度的方法。

（2）仿真电路

门控位 GATEx 可使 Tx 启动计数受 $\overline{\text{INT}x}$ 控制，当 GATEx = 1、TRx = 1 时，只有 $\overline{\text{INT}x}$ 引脚输入高电平，Tx 才被允许计数。利用该功能，可测量 $\overline{\text{INT}x}$ 脚正脉冲宽度，方法如图 4.16 所示。

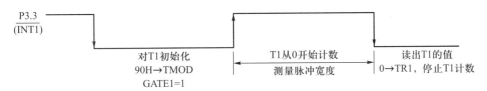

图 4.16　测量 $\overline{\text{INT}x}$ 脚正脉冲宽度方法

脉宽测量仿真电路如图 4.17 所示，图中省略复位电路和时钟电路。利用定时器的特殊功能寄存器 TMOD 的门控位 GATEx 来测量 $\overline{\text{INT}x}$ 脚上正脉冲宽度，并在 6 位一体数码管上以机器周期数显示。要求被测量脉冲信号宽度能通过旋转信号源旋钮进行调节。

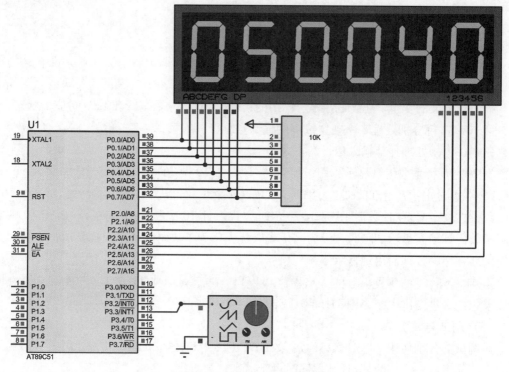

图 4.17　脉宽测量仿真电路

（3）实现思路

执行上述程序仿真，把 $\overline{\text{INT1}}$ 引脚上出现的正脉冲宽度显示在 LED 数码管显示器上。晶振频率为 12 MHz，机器周期为 1 μs，则计数单元每隔 1 μs 加 1，如果默认信号源输出频率为 1 kHz 的方波，周期为 1 ms，高电平时间为 500 μs，则可以得出数码管显示为 500。

注意：在仿真时，偶尔显示计数结果 501，是因为信号源的问题，若将信号源换成频率固定的激励源则不会出现此问题。

（4）程序分析

程序由两个函数构成：显示函数 display( ) 和主函数 main( )。显示函数 display( ) 是利用定时器/计数器 T0 中断函数实现数码管的动态显示；主函数 main( ) 完成定时器/计数器 T0 定时中断的初始化、定时器/计数器 T1 开启条件的设置和测量脉冲的起始与停止，并计算输入信号高电平时间，精度达到微秒。

在程序中，应用到两个定时器/计数器，定时器/计数器 T0 用于动态显示，原理同前面的案例。定时器/计数器 T1 用于计数功能。为了实现本案例的测脉宽功能，使 T1 的启动不仅受到 TR1 的控制，还受到 P3.3 口输入脉冲的控制，因此 TMOD 设置为 0x92，最高位对应的是定时器/计数器 T1 的 GATE 控制信号，具体查看寄存器 TMOD 位定义。

另外，在程序中只有一个中断服务程序，及定时器/计数器 T0 的中断服务程序，用于动态显示，而定时器/计数器 T1 使用查询方式，通过查询 P3.3 口输入脉冲高电平是否结束来确定脉宽测量是否完成。如完成，则更新显示缓存 buf 的值，从而将测量结果显示出来。

主函数流程图如图 4.18 所示。

脉宽测量参考程序如下：

```
1    #include<AT89X51.h>
2    #define uchar unsigned char
3    unsigned int num;
4    uchar buff[6]={0};              //6 位显示缓存
5    uchar code tab_d[]={0x3F,0x06,0x5B,0x4F,0x66,0x6D,
     0x7D,0x07,0x7F,0x6F};
6    //共阴极数码管段码表
7    uchar code tab_w[]={0xFE,0xFD,0xFB,0xF7,0xEF,
     0xDF};
8    //共阴极数码管位码表
9
10   void display() interrupt 1      //数码管显示函数
11   {
12     static uchar i=0;
13     P0=0;
14     P2=tab_w[i];
15     P0=tab_d[buff[i]];
16     if(++i==6)i=0;
17   }
18
19   void main()
20   {
21     IE=0x82;                   //开启定时器/计数器 T0 中断
22     TMOD=0x92;                 //设置定时器/计数器 T1 为方式 1 定时,T0 为方式 2
23     TR0=1;  TR1=1;             //启动 T1、T0
24     TH0=0x6E; TL0=0x6E;
25     while(1)
26     {
27       TH1=0; TL1=0;           //向定时器/计数器 T1 写入计数初值
28       while(!P3_3);           //等待引脚变高
29       while(P3_3);            //等待引脚变低
30       num=TH1*256+TL1;        //最大值 65536
31       /*可将两字节的机器周期数进行显示处理*/
```

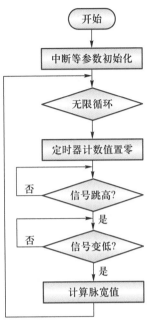

图 4.18　主函数流程图

```
32          buff[0] = num/100000;
33          buff[1] = num%100000/10000;
34          buff[2] = num%10000/1000;
35          buff[3] = num%1000/100;
36          buff[4] = num%100/10;
37          buff[5] = num%10;
38        }
39      }
```

程序中：

第 21 行设定定时器/计数器 T0 中断，用于数码管动态显示；

第 22 行设定定时器/计数器 T1 为有门控位的 16 位定时方式（GATE = 1），此时 T1 是否计机器时钟数需要受到$\overline{INT1}$引脚上的高电平和 TR1 两信号控制，即在 TR1 为"1"的情况下$\overline{INT1}$引脚跳高可以计数、跳低停止计数，而 T0 是只受 TR0 控制方式的 16 位定时方式；

第 27~29 行完成计$\overline{INT1}$引脚上的高电平对应的机器周期数；

第 30 行将两个 8 位的定时器/计数器 T1 计数值转成 16 位的值。

（5）调试与说明

数码管显示的是脉冲的周期，单位为 μs。改变信号源的频率，数码管的数字显示应该随之变化，但若选 0.1 Hz，则数据变小，是因为 65 536 μs 是本程序能识别的最大值。仿真电路中使用的虚拟仪器信号源面板如图 4.19 所示。

图 4.19   虚拟仪器信号源面板

（6）思考

若想提高脉冲测量的范围，如何改变程序？

习 题

4.1   判断题

（1）在 MCS-51 单片机内部结构中，TMOD 为模式控制寄存器，主要用来控制定时器的启动与停止。

（2）定时器/计数器的工作方式中，方式 2 具有自装载功能。

（3）TMOD 中的 GATE = 1 时，表示由两个信号控制定时器的启停。

（4）在 MCS-51 单片机内部结构中，TMOD 为模式控制寄存器，主要用来控制定时器的启动与停止。

（5）定时器与计数器的工作原理均是对输入脉冲进行计数。

4.2 选择题

（1）若 MCS-51 单片机使用晶振频率为 12 MHz 时，定时器 T0 工作在方式 0 下，最大定时为（　　）。

A. 256 μs　　　　B. 8192 μs　　　　C. 128 μs　　　　D. 65 536 ms

（2）当使用晶振频率为 12 MHz 且 TMOD = 0x01 时，定时器/计数器 T0 最大定时为（　　）。

A. 65 536 μs　　　B. 256 μs　　　　C. 8192 μs　　　　D. 512 μs

（3）TF1 是定时器/计数器 T1 的（　　）位。

A. 启动　　　　B. 溢出中断标志　　C. 工作模式选择　　D. 触发方式控制

4.3 定时器/计数器工作于定时和计数方式时有何异同点？

4.4 8051 单片机内部设有几个定时器/计数器？定时器有哪几种工作模式？它们有何区别？

4.5 如何完成定时器/计数器的定时查询？

4.6 当定时器/计数器 T0 用作方式 3 时，定时器/计数器 T1 可以工作在何种方式下？如何控制 T1 的开启和关闭？

4.7 简述定时器四种工作模式的特点，如何选择和设定？

4.8 在单片机定时器中断编程过程中，需要先对定时器中断进行初始化，请简要介绍定时中断初始化有哪些步骤？

4.9 单片机用内部定时方法产生频率为 100 kHz 等宽矩形波，假定单片机的晶振频率为 12 MHz。请编程实现。

4.10 单片机的晶振为 12 MHz，要求使用定时器/计数器从 P1.1 引脚输出周期为 4 ms 的方波。

4.11 设一只发光二极管 LED 和 8051 的 P1.6 脚相连。当 P1.6 脚是高电平时，LED 不亮；当 P1.6 脚是低电平时，LED 亮。编制程序用定时器 T1 来实现发光二极管 LED 每 40 ms 闪烁一次的功能。已知单片机系统晶振频率为 12 MHz。

4.12 编制程序，要求利用定时器/计数器 T1 通过 P1.5 引脚输出周期为 50 ms 的方波，设晶振频率为 12 MHz，用中断方式实现。

4.13 利用定时器/计数器 T0 通过 P1.7 引脚输出周期为 200 ms 的方波，晶振频率 $f=$ 6 MHz。要求用方式 1。试确定计数初值、TMOD 寄存器的内容及相应程序。

4.14 采用 12 MHz 晶振，要求从 P1.1 引脚输出周期为 1 ms 的方波，并能用按键调整方波周期，步进为 1 ms（即每按一次增长 1 ms）。请画出 Proteus 仿真原理图。

4.15 根据下面程序，画出其 main( )函数和 display( )函数流程图，并说明实现的功能。

```
#include<reg51.h>
unsigned char code dispcode[ ] = {0x3F, 0x06, 0x5B, 0x4F, 0x66, 0x6D, 0x7D, 0x07,
0x7F, 0x6F};                                    //0~9 字形码表
```

```
unsigned char code disbit[ ] = {0x40,0x80};          //位码表
uchar disbuf[ ] = {0,0};
uchar second = 0,tcount = 0;
void caculate( )
{   if( ++tcount = = 100)
    {   tcount = 0; second++;
        if( second = = 100)    second = 0;
    }
}

  void display( )
{   uchar i;
    disbuf[0] = dispcode[second/10]; disbuf[1] = dispcode[second%10];
    for( i = 0;i<2;i++)
    {   P0 = disbuf[i]; P2 = disbit[i];
        delay5ms( );P2 = 0;
    }
}
void delay5ms( )
{   TH1 = (65536−5000)/256;    TL1 = (65536−5000)%256;while( ! TF1);TF1 = 0;
}
void main( )
{   TMOD = 0x10; TR1 = 1;
    while(1){display( );caculate( );}
}
```

4.16 根据下面程序，完成指定程序注释，并说明实现的功能。

```
#include<reg51. h>
#define bj 500
unsigned   int x = 63536;
sbit P1_1 = P1^1;
void timer0(void) interrupt 1                //注释 1
    {        TH0 = x/256;   TL0 = x%256;       P1_1 = !P1_1;    }
void ext0(void) interrupt 0                  //注释 2
{   x−= bj; if( x< = 500)    x = 63536;}      //注释 3
void main(void)
    {        TMOD = 0x01;                      //注释 4
      TH0 = x/256; TL0  = x%256;
    TCON = 0x11; IE = 0x83;                    //注释 5
        while(1) ;
    }
```

4.17　对定时器 0 采用中断方式编程，晶振频率为 12 MHz，采用方式 1 计数，使 P1.1 引脚输出周期为 4 ms 的方波，C51 源程序如下。（1）写出定时器 0 中断服务程序；（2）主程序中有 3 个错误，请指出并改正。

```
#include<reg51.h>
sbit P1_1=P1^1;
void main(void)
    {
TMOD=0x00;
TH0=(65536-2000)/256;       TL0=(65536-2000)%256;
    TF0=0;
    IE=0x60;
    while(1);        }
```

单元 5

串口通信

MCS-51 单片机有一个全双工通用异步通信接口，可以根据需要实现四种工作模式状态工作，在异步通信模式中还可程控波特率。本章主要介绍 MCS-51 单片机的串行通信基本概念和典型应用案例。

重点：串口通信的设置与应用；常见通信协议；

难点：通信程序编制。

🔗 动画：
串行通信形式

5.1　串行通信概念

在计算机通信中有两种常见的通信技术：串行通信和并行通信。

串行通信：数据一位一位（二进制）顺序发送或接收。特点是传送速度慢，但成本低，适用于较长距离传送数据。就像两股车道，最多只能容纳两部汽车相向通行。计算机与外界的数据传送一般均采用串行方式。串行通信已经在现代电子设备中广泛应用，它运用的形式可以通过 3 根（左右）线或无线进行。比如无线键盘鼠标，与计算机交互信息时就是利用串行方式通信。

并行通信：数据的各位（二进制）同时发送或接收。特点是传送速度快、效率高，但成本高。适用于短距离传送数据。就像多股车道，可以容纳多部汽车同时同向通行。计算机内部的数据传送一般均采用并行方式。

在串行通信中，根据信息数据流方向其工作方式可以分为单工、半双工和全双工三种方式，如图 5.1 所示。

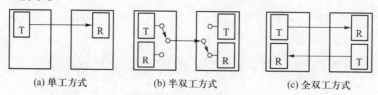

| (a) 单工方式 | (b) 半双工方式 | (c) 全双工方式 |

图 5.1　串行通信工作方式

单工：在通信过程的任意时刻，信息只能由一方 A 传到另一方 B，如广播。

半双工：信息既可由 A 传到 B，也能由 B 传到 A，但在任意时刻，只能由一个方向上的传输存在，如对讲机。

全双工：在任意时刻，线路上存在 A 到 B 和 B 到 A 的双向信号传输，如手机。

在串行通信中根据数据传输特点，又可以分为两种类型：同步通信和异步通信。同步与异步主要是针对度量数据位标准而言的，简单地说，双方采用同一脉冲度量数据位数称同步，各自采用不同脉冲度量数据位数称异步，即双方用同一个时钟（同步）和用不同时钟（异步）。

同步通信比较简单，发送端和接收端的时钟信号频率和相位始终保持一致（同步），这就保证了通信双方在发送和接收数据时具有完全一致的定时关系。通信数据帧结构如图 5.2 所示。

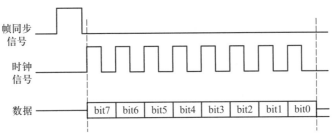

图 5.2　通信数据帧结构

显然，数据的传输没有起始位和结束位，数据以时钟为准。

异步通信中的字符由起始位、数据位、校验位和停止位四部分组成。其帧格式如图 5.3 所示。

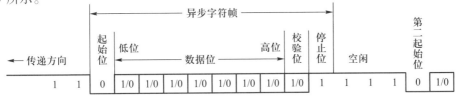

图 5.3　串行异步通信的字符帧格式

异步通信的特点是：一个字符一个字符地传输，每个字符一位一位地传输，并且传输一个字符时，总是以"起始位"开始，以"停止位"结束，字符之间没有固定的时间间隔要求，信息格式见表 5.1。每一个字符的前面都有一位起始位（低电平，逻辑值），字符本身由 5~7 位数据位组成，接着字符后面是一位校验位（也可以没有校验位），最后是一位或一位半或两位停止位，停止位后面是不定长的空闲位。停止位和空闲位都规定为高电平（逻辑值 1），这样就保证起始位开始处一定有一个下跳沿。

表 5.1　异步通信的信息格式

起始位	逻辑 0	1 位
数据位	逻辑 0 或 1	5，6，7，8 位
校验位	逻辑 0 或 1	1 位或无
停止位	逻辑 1	1 位，1.5 位或 2 位
空闲位	逻辑 1	任意数量

注：表中位数的本质含义是信号出现的时间，故可有分数位，如 1.5。

① 数据位：这是衡量通信中实际数据位的参数。

② 停止位：用于表示单个数据包的最后一位。

③ 奇偶校验位：在串口通信中一种简单的检错方式。有四种检错方式：偶、奇、高和低。

从图中可以看出，这种格式是靠起始位和停止位来实现字符的界定或同步的，故称为起止式协议。

波特率是衡量串行异步通信速率的重要指标，波特率是指每秒钟传送信号的数量，单位为波特（Baud）。比特率是指每秒钟传送二进制数的信号数（即二进制数的位数），单位是 bps（bit per second）或写成 b/s（位/秒）。

在单片机串行通信中，传送的信号是二进制信号，波特率与比特率数值上相等。单位采用 bps。波特率和距离成反比，其关系见表 5.2。

表 5.2　波特率和距离的关系

波特率 /bps	1 号电缆传输距离/inch （其中：1 inch = 0.305 m）	2 号电缆传输距离/inch （其中：1 inch = 0.305 m）
110	5000	3000
300	5000	3000
1200	3000	3000
2400	1000	500
4800	1000	250

5.2　51 单片机的通信串口

51 单片机有一个可编程的全双工通用同步、异步（USART）通信串口，可以同时收发数据。其内部结构如图 5.4 所示。

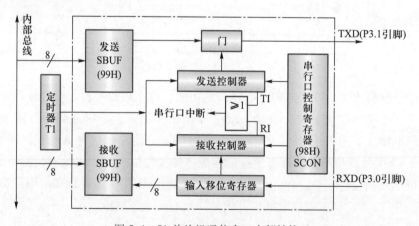

图 5.4　51 单片机通信串口内部结构

5.2.1　串口通信特殊功能寄存器

与串口通信相关的特殊功能寄存器有三个：两个控制寄存器 SCON、PCON，用于接收、发送数据的数据缓冲寄存器 SBUF。

（1）串口数据缓冲寄存器（SBUF）

串口数据缓冲寄存器（SBUF）是串口的一个专用寄存器，由一个发送缓冲寄存器和一个接收缓冲寄存器组成。两个缓冲寄存器在物理上独立，但共用一个地址（0x99）。

SBUF 是用来存放要发送的或已接收的数据。无论何时读 SBUF，总是接收缓冲寄存器 SBUF 的内容；同样写 SBUF，总是操作的发送缓冲寄存器 SBUF。

（2）串口控制寄存器（SCON）

串口控制寄存器（SCON）的内部地址为 0x98。其结构及各位的作用见表 5.3。

表 5.3　串口控制寄存器（SCON）

位序	D7	D6	D5	D4	D3	D2	D1	D0
位符号	SM0	SM1	SM2	REN	TB8	RB8	TI	RI

- SM0、SM1：控制串口的工作方式：

0　0　方式 0　移位寄存器方式（同步通信）

0　1　方式 1　8 位 UART，波特率可变

1　0　方式 2　9 位 UART，波特率为时钟频率/64 或时钟频率/32

1　1　方式 3　9 位 UART，波特率可变

- SM2：允许方式 2 和方式 3 进行多机通信控制位。
- REN：允许串行接收控制位。REN=1，允许接收。
- TB8：是工作在方式 2 和方式 3 时要发送的第 9 位数据，根据需要由软件置位和复位。
- RB8：是工作在方式 2 和方式 3 时接收到的第 9 位数据。
- TI：发送中断标志位。必须由软件清零。
- RI：接收中断标志位。必须由软件清零。

SCON 的 SM0 和 SM1 两位用于定义串口通信的工作方式，串口通信的工作方式见表 5.4。

表 5.4　串口通信的工作方式

SM0	SM1	工 作 方 式	功　　能	波　特　率
0	0	方式 0	8 位同步移位寄存器	$f_{osc}/12$
0	1	方式 1	10 位 UART*	可变
1	0	方式 2	11 位 UART	$f_{osc}/64$ 或 $f_{osc}/32$
1	1	方式 3	11 位 UART	可变

* UART：universal asynchronous receiver/transmitter 通用异步接收、发送传输。

注意：

- TI 为发送完成的标记，硬件自动置 1。若上个数据没有发送完（TI=0），又向 SBUF 送数据，则上个数据将停止发送。
- RI 为接收到 8 或 9 位有效的二进制数，硬件自动置 1。若 RI=1 时，没有及时读取 SBUF 数据，则下个串口接收到的数据会覆盖上个数据，造成数据丢失。

（3）电源控制寄存器（PCON）

电源控制寄存器 PCON，内部地址为 0x87。其结构见表 5.5，在串口通信中仅用到其 SMOD 位，当 SMOD 为 1 时，波特率×2；当 SMOD 为 0 时，波特率不变。

表 5.5　寄存器 PCON

位序	D7	D6	D5	D4	D3	D2	D1	D0
位符号	SMOD	—	—	—	GF1	GF0	PD	IDL

- SMOD：波特率倍增位，在串行通信中使用。
- GF0，GF1：通用标志位，供用户使用。
- PD：掉电保护位，(PD)=1，进入掉电保护方式①。
- IDL：待机方式位，(IDL)=1，进入待机方式②。

5.2.2　串口通信的工作方式

由 SCON 的 SM0 和 SM1 定义串口通信的工作方式共有四种。

（1）方式 0

在方式 0 下，串口作同步移位寄存器用，其波特率固定为 $f_{\text{osc}}/12$，数据位为 8 位。串行数据从 RXD（P3.0）端输入或输出，同步移位脉冲由 TXD（P3.1）送出。方式 0 的发送时序图如图 5.5 所示。

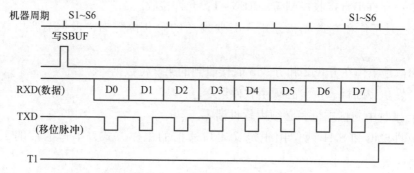

图 5.5　方式 0 的发送时序图

这种方式常用于扩展 I/O 口，如图 5.6 所示。

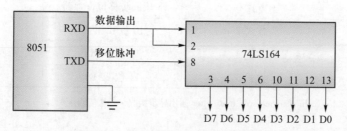

图 5.6　方式 0 用于扩展 I/O 口输出

串口数据从 RXD 引脚输出，TXD 引脚输出移位脉冲。CPU 将数据写入发送寄存器时，立即启动发送，将 8 位数据以 $f_{\text{osc}}/12$ 的固定波特率从 RXD 输出，低位在前，高位在后。

---

① 单片机一切工作停止，只有内部 RAM 单元的内容被保存。

② 用指令使 PCON 寄存器的 IDL 置位 1，则 51 单片机进入待机方式。时钟电路仍然运行，并向中断系统、I/O 接口和定时器/计数器提供时钟，但不向 CPU 提供时钟，所以 CPU 不能工作。在待机方式下，中断仍有效，可采取中断方法退出待机方式。在单片机响应中断时，IDL 位被硬件自动清"0"。

发送完一帧数据后，发送标志 TI 由硬件置位。

（2）方式 1

串口工作于方式 1 时，串口为波特率可调的 10 位通用异步通信 UART。每发送完或接收到 1 帧有效信息后，自动置位 TI 或 RI。每发送或接收的一帧信息中，包括 1 位起始位"0"，8 位数据位和 1 位停止位"1"。其数据格式如图 5.7 所示。

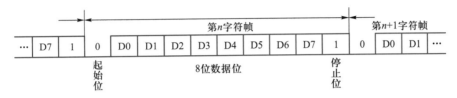

图 5.7　串口通信工作在方式 1 下的数据格式

其工作时序如图 5.8 所示。

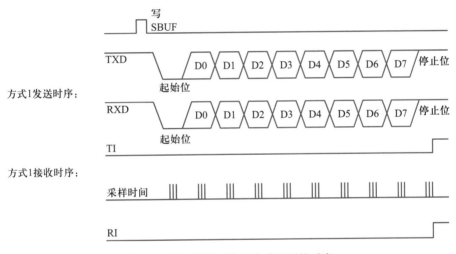

图 5.8　串口通信工作在方式 1 下的时序

（3）方式 2

串口工作于方式 2 时，其为 11 位 UART。传送波特率为固定不可调，只与晶振、SMOD 有关。每发送完或接收到 1 帧有效信息后，自动置位 TI 或 RI。发送或接收的一帧数据中包括 1 位起始位"0"，8 位数据位，1 位可编程位（用于奇偶校验）和 1 位停止位"1"。其数据格式如图 5.9 所示。

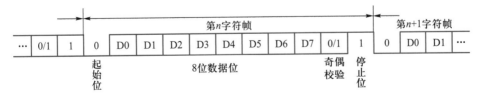

图 5.9　串口通信工作在方式 2 下的数据格式

（4）方式 3

串口工作于方式 3 时，其为波特率可变的 11 位 UART 通信方式，除了波特率以外，方式 3 和方式 2 完全相同。

四种工作方式的通信波特率如下：

① 方式 0 和方式 2 的波特率是固定的。

在方式 0 中，波特率为时钟频率的 1/12，即 $f_{osc}/12$，固定不变。

在方式 2 中，波特率取决于 PCON 中的 SMOD 值：

- 当 SMOD＝0 时，波特率为 $f_{osc}/64$；

- 当 SMOD＝1 时，波特率为 $f_{osc}/32$，即波特率为 $\dfrac{2^{SMOD}}{64}f_{osc}$。

② 方式 1 和方式 3 的波特率可调，由定时器/计数器 T1 的溢出率决定。

注：T1 作为波特率发生器时，应不允许中断使能，且工作方式应选方式 2（8 位自装载），并启动，即 ET1＝0；TMOD 的高 4 位为 0010；TR1＝1。

所有工作方式下常见的波特率设置见表 5.6。

表 5.6　所有工作方式下常见的波特率设置

波特率/bps	f_{osc}/MHz	SMOD	定时器 1		
			C/$\overline{\text{T}}$	方　式	初　始　值
方式 0：1M	12	×	×	×	×
方式 2：375k	12	1	×	×	×
方式 1、3： 62.5k	12	1	0	2	0xFFH
19.2k	11.0592	1	0	2	0xFDH
9.6k	11.0592	0	0	2	0xFDH
4.8k	11.0592	0	0	2	0xFAH
2.4k	11.0592	0	0	2	0xF4H
1.2k	11.0592	0	0	2	0xE8H
137.5	11.986	0	0	2	0x1DH
110	6	0	0	2	0x72H
110	12	0	0	1	0xFEEBH

备注：波特率的计算方法：$B=\dfrac{2^{SMOD}}{32}\times\dfrac{f_{osc}}{12(256-X)}$，$X$ 为定时器/计数器 T1 的计数初值。

【例 5.1】要求串口以方式 1 工作，通信波特率为 2400 bps，设振荡频率 f_{osc} 为 6 MHz，请初始化 T1 和串口。

解：由题可得 T1 的初始值为

$$X=256-f_{osc}/(B\times32\times12)=256-6000000/(2400\times32\times12)=0xFA$$

则 T1 的初始化为

TMOD＝0x20；

TH1＝0xFA；

TL1＝0xFA；

串口工作于方式 1，若允许接收，则初始化为

SCON = 0x50；

串口通信设计步骤如下：

第一步：串口初始化

主要针对 SCON，TMOD，IE，TCON，TH1，TL1，PCON，IP 特殊功能寄存器的设置。

① 确定定时器 T1 的工作方式——编程 TMOD 寄存器，T1 方式 2。

② 确定波特率——计算定时器 T1 的初值，并装载 TH1、TL1；确定 PCON 是否需加倍。

③ 串口在中断方式工作时，设置 IE 寄存器。作为波特率产生的定时器不要开启其中断的允许。

④ 确定串口的控制——编程 SCON。

⑤ 启动定时器 T1——编程 TCON 中的 TR1 位。

第二步：查询 RI 或 TI（或在中断中判）

第三步：发送数据→SBUF 或接收数据←SBUF

第四步：清 TI（或 RI）

注：串口通信时，应尽快将接收到的数据从 SBUF 中读出，如不及时读出，会出现后面接收到的数据将前面数据冲掉，造成接收数据的不完整。在使用串口中断时，也最好能将串口中断优先级设为高级。

串口发送/接收数据时，一定要等前面的数据发送完成（TI = 1），才能发送寄存器 SBUF 装载新数据，进入新的数据发送，否则会将前面未发完的数据冲掉；接收数据时，要等指定的位数全部接收到（RI = 1），接收的数据才正确，否则接收寄存器 SBUF 读取的数据不正确。

串口通信线的常用连接有最简单连接法及完全连接法：

① 最简单连接法，这也是最常用的连接方法，如图 5.10 所示。

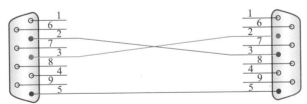

图 5.10　串口数据线最简单连接法

在这种连接方法中，仅需要 TXD、RXD 及 GND 三根数据线即可，且按图 5.10 做出来的数据线常称为对绞线。但在某些场合中，需要做成直通线，即将两个 DB9 的 RXD、TXD 数据线直接相连。

② 完全连接法，如图 5.11 所示。

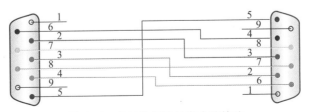

图 5.11　串口数据线的完全连接法

5.3 RS-232 和 RS-485

5.3.1 简述

RS-232C 是异步串行通信中应用最广泛的标准总线，是美国 EIA（electronic industries association，电子工业联合会）开发公布的通信协议，适用于数据传输速率在 0～20 kb/s 范围内的通信，包括了按位串行传输的电气和机械方面的规定，在微机通信接口中被广泛采用。其特点为：采取不平衡传输方式，是为点对点（即只用一对收、发设备）通信而设计的。

RS-232 主要有以下 4 个特点：

① 任何一条信号线的电压均为负逻辑关系。即：逻辑"1"为−15～−3 V；逻辑"0"为+3～+15 V，接收器能识别高于+3 V 的信号作为逻辑"0"，低于−3 V 的信号作为逻辑"1"，TTL 电平+5 V 为逻辑正，0 为逻辑负。

② 传输速率较低，在异步传输时，比特率为 20 kbps。

③ 接口使用一根信号线和一根信号返回线与地线构成共地的传输形式，这种共地传输容易产生共模干扰，所以抗噪声干扰性弱。

④ 传输距离有限，最大传输距离标准值为 50 inch，实际上也只能用在 15 m 左右。RS-232C 接口在总线上只允许连接 1 个收发器，即单站能力。

RS-485 协议同 RS-232 协议一样，也是异步串行通信中应用最广泛的标准总线。其特点有平衡发送、平衡接收，抗干扰能力强；多达 128 对收发器；需要终端匹配电阻 2×120 Ω；信号不需要调制与解调。

RS-485 主要有以下 4 个特点：

① 电气特性：正逻辑，逻辑"1"以两线间的电压差为+2～+6 V 表示；逻辑"0"以两线间的电压差为−6～−2 V 表示。

② 数据最高传输速率为 10 Mbps。

③ RS-485 接口强，即抗噪声干扰性好。

④ RS-485 接口的最大传输距离标准值为 4000 inch，实际上可达 3000 m（理论上的数据，在实际操作中，极限距离仅达 1500 m 左右）。

RS-485 接口在总线上是允许连接多达 128 个收发器。即具有多站能力。

5.3.2 RS-232 与 RS-485 特性比较

（1）电气特性

① 电平逻辑：

RS-232 负逻辑：逻辑 1(MARK) = −15～−3 V，逻辑 0(SPACE) = +3～+15 V。

RS-485 正逻辑：逻辑"1"以两线间的电压差为+2～+6 V 表示；逻辑"0"以两线间的电压差为−6～−2 V 表示。

② 传输最高速率：

RS-232：20 kbps

RS-485：10 Mbps

③ 最大传输距离：

RS-232：15 m

RS-485：1500 m

④ 通信方式：

RS-232：全双工

RS-485：半双工

⑤ 常用电平转换芯片：

RS-232：MAX232 和 MAX232A

RS-485：MAX487

（2）机械特性

① RS-232C 标准接口有 25 条线，其中常用的有如下 9 条：

DCD（1）：接收线信号检出；   RXD（2）：接收数据；

TXD（3）：发送数据；   DTR（4）：数据终端准备好；

GND（5）：地线；   DSR（6）：数据装置准备好；

RTS（7）：请求发送；   CTS（8）：允许发送；

RI（9）：振铃指示。

② RS-485：两根连线，屏蔽双绞线。

（3）TTL 与 RS-232C 电气转换

由于 TTL 电平与 RS-232C 电平的电气特性不一样，所以在单片机系统与 PC 进行串口通信时，需要进行电气转换。电气转换电路可以使用集成电路，如 MAX232 芯片，电路图如图 5.12 所示。

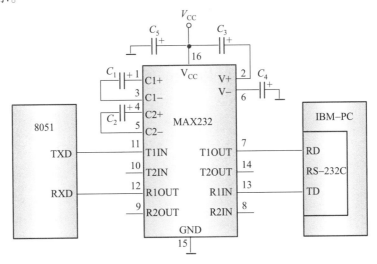

图 5.12 TTL 与 RS-232C 电气转换电路

在单片机系统与 PC 进行串行通信时，在满足电平要求的情况下，需要利用标准接口端子连接，如 MAX232 芯片与 DB9 端子接口方式，如图 5.13 所示。

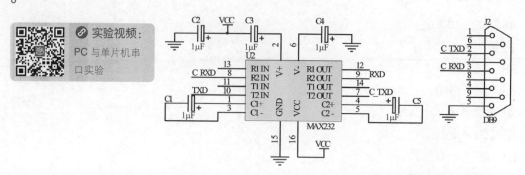

图 5.13　MAX232 与 DB9 标准接口连接电路

单片机串口通信电路设计如图 5.14 所示。

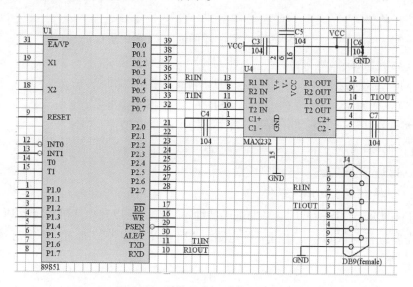

图 5.14　单片机串口通信电路设计

5.4　应用案例

5.4.1　串口单纯发送

🖱 微课：

串行发送

（1）功能描述

实现单片机串口异步发送数据，仿真中使用虚拟终端观察发送的数据，通过本案例了解并掌握查询方式串口发送编程。

（2）仿真电路

本电路主要由单片机和 MAX232，以及一些辅助电容组成，为了观察单片机发送的数据情况，在仿真电路中插入两个虚拟终端，用于观察单片机发送的数据和 PC 端接收的数据，并将两者的数据进行对比。对于直接接单片机串口的虚拟中断，其数据格式是正常逻辑 Normal，但用 MAX232 芯片转换电平后的虚拟终端，由于 RS-232C 协议是负逻辑 Inverted，所以虚拟终端需要用反向接收方式。串口单纯发送仿真电路如图 5.15 所示。

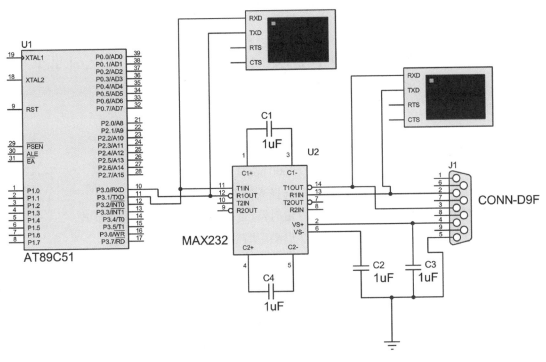

图 5.15　串口单纯发送仿真电路

（3）实现思路

本程序采用查询法编程，所谓查询法就是在主程序中不断查询 TI 标志位，如果 TI = 0，说明之前发送的数据还没有发送完，继续等待；如果 TI = 1，则说明之前写入 SBUF 的数据已经发送完毕，可以发送下一个数据。因此在本程序设计中不需要开放串口通信的中断，也没有相应的中断服务程序。另外，将需要发送的数据以数组的形式固定写入程序中，在这里我们发送的是"welcome to Nanjing"字符串。

（4）程序分析

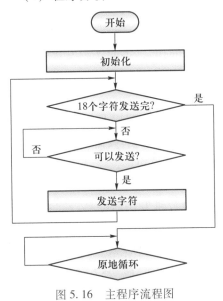

图 5.16　主程序流程图

由于程序是用查询法实现的，就是查询串口发送标记位 TI 是否为"1"，只要为"1"表明前面的发送已完成，可以再次发送。在主函数 main( ) 中对串口参数做了初始化，然后开始发送指定的字符串，发送完原地等待。

串口初始化中，设置波特率为 9600 bps，根据波特率设置，查表可以知道 TH1 和 TL1 都设置为 0xFD，注意为了产生波特率，必须将定时器/计数器 T1 的工作方式设为方式 2，具体可以查询定时器/计数器的工作方式相关内容。由于本程序设计采用串口通信的查询法实现，因此在主程序中用 while 循环语句完成 18 个字符的逐个发送，每次发送前先检测 TI 标志位，判断前一个字符是否已经发送完毕。主程序流程图如图 5.16 所示。

串口单纯发送参考程序如下：

```
1    #include <reg51. h>
2    code unsigned char led[ ] = {'W','e','l','c','o','m','e',' ','t','o',' ','N','a','n','j','i','n',
     'g'} ;//   "Welcome to Nanjing ";
3    void main( )
4    {
5      unsigned char I;
6      TH1 = 0xFD;   TL1 = 0xFD;   //9600 bps,11. 059 MHz
7      SCON = 0x50;                 //选择通信方式 1,允许接收
8      TMOD = 0x20;                 //定时器/计数器 T1 为方式 2 工作模式
9      TCON = 0x40;                 //启动定时器 T1
10     TI = 1; I = 0;               //初始化
11     while( I<18)
12       {                         //完成 18 个字符发送
13       while( !TI);               //等待上一帧发完
14       SBUF = led[ I];            //发送字符
15       I++;                       //指向下一个字符
16       TI = 0;                    //清发送完标记
17       }
18     while(1);                    //全部发完
19   }
```

程序中：

第 2 行数组是用字符表示的，用逗号隔开，但实际装载的是其相应的 ASCII 码；

第 6 行设置定时器/计数器 T1 做波特率发生器；

第 10 行初始化时软件将 TI 置"1"，是因为第 13 行有个判断 TI 为"1"才能装载串口发送 SBUF；

第 16 行装载过 SBUF，需要软件清标记，串口发送需要时间，不能立刻发送下一个数据，要等单片机发送完后，硬件自动会置 TI 为"1"。

（5）调试与说明

在调试时注意，一定要将时钟频率设置为 11. 059 MHz，如图 5. 17 所示，与程序中保持一致，否则在虚拟终端中接收到的是乱码。仿真运行后，接收到的数据如图 5. 17 所示，与程序中设置的"welcome to Nanjing"字符串一致，说明发送成功。

在 Proteus 中"虚拟终端"的选择方法如图 5. 18 所示。

图 5. 19 是虚拟终端默认条件下的显示状态，实际上单片机发送数据是以二进制形式发送数据，虚拟终端显示的选择可以选择十六进制方式，鼠标右击虚拟器，如图 5. 20 所示，选择 Hex Display Mode，则可看到显示的结果如图 5. 21 所示。即发送字符串"Welcome to Nanjing"，用十六进制显示的时候是这些字符的 ASCII 码"57 65 6C 63 6F 6D 65 20 74 6F 20 4E 61 6E 6A 69 6E 67"。

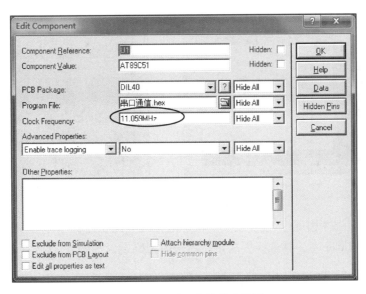

图 5.17 Proteus 中波特率设置

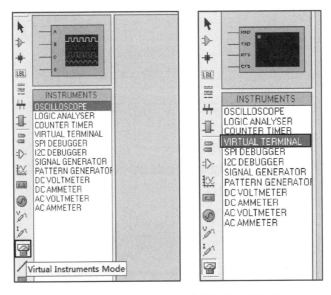

图 5.18 Proteus 中"虚拟终端"的选择方法

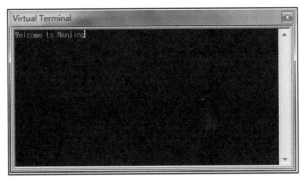

图 5.19 虚拟终端显示状态

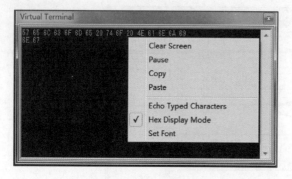

图 5.20 虚拟器进制选择

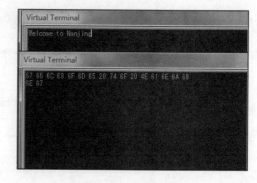

图 5.21 显示结果

在图中有两个虚拟中断，直接接单片机的虚拟终端用正逻辑 Normal，接 MAX232 的虚拟终端用负逻辑 Inverted，其选择方法是，右击虚拟终端，如图 5.22 所示进行选择。

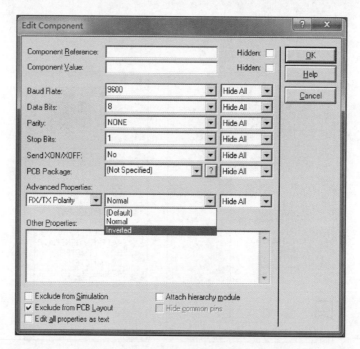

图 5.22 虚拟终端逻辑选择

（6）思考

电路中 MAX232 芯片的作用是什么？

5.4.2 串口单纯接收

微课：
串行接收

（1）功能描述

单片机串口从 PC（虚拟终端）上接收数据，并用一位共阴极数码管显示。PC（虚拟终端）通过键盘若发送数字 0～9，则数码管显示相应的字符；若发送其他的字符，则数码管固定显示"H"。通过案例掌握串行通信中断编程方法。

（2）仿真电路

本案例电路很简单，由单片机、一只数码管和虚拟终端组成，通过单片机的 P2 口驱动数码管，需要注意在实际电路中，数码管段和单片机端口之间要加限流电阻。串口单纯接收仿真电路如图 5.23 所示。

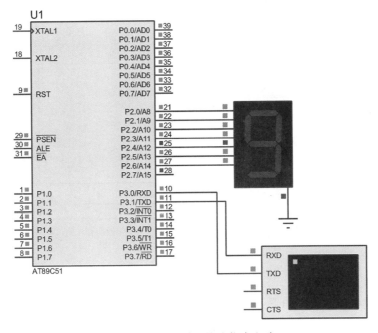

图 5.23　串口单纯接收仿真电路

（3）实现思路

由于本程序采用串口通信中断编程方法，所以在初始化中需要打开串口中断。本案例需要串口接收，因此在 SCON 设置中需要打开串口接收功能。除了以上设置，其他的设置同前面的串口单纯发送案例。另外，由于单片机复位时，端口都输出高电平，数码管会显示"8"，因此需要用指令"P2＝0"对数码管清屏。

（4）程序分析

程序由两个函数组成：主函数 main( ) 和串口通信中断函数 serial( )。在主函数 main( )中完成对串口通信参数的初始化设置；串口通信中断函数 serial( )则用于判断接收中断后，将接收到的信息划分为两部分：一部分是接收到的是数字字符，则在数码管上显示；另一部分是接收到其他的字符，则在数码管上显示字符"H"。

在编制串口中断服务程序时需要注意，由于串口发送和接收共用一个中断服务程序，所以进入中断服务程序后，需要对引起中断的类型进行判断，判断是由于串口发送引起的还是串口接收引起的。由于本案例并没有串口发送，所以不需要做特别处理，只要对串口接收做相应的处理即可。另外，串口传输的是 ASCII 码，由于数字 0~9 对应的 ASCII 码为 0x30~0x39，所以对接收到的 ASCII 码进行判断，如果在 0x30~0x39 之间，则数码管显示相应的数字，否则显示"H"。

其串口通信中断函数流程图如图 5.24 所示。

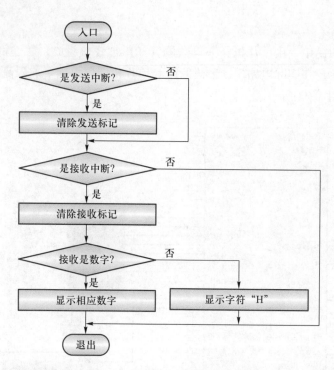

图 5.24 串口通信中断函数流程图

串口单纯接收参考程序如下：

```
1    #include<reg51.h>
2    unsigned char code dispcode[] =
3    {0x3F,0x06,0x5B,0x4F,0x66,0x6D,0x7D,0x07,0x7F,0x6F,0x76};   //共阴极数码管字段码
4
5    void main()
6    {
7      IE=0x90;                          //允许串口中断
8      SCON=0x50;                        //串口工作于方式1,允许接收
9      TMOD=0x20;                        //定时器1方式2工作模式
10     TH1=0xFD;TL1=0xFD;                //波特率9600 bps
11     TCON=0x40;                        //启动定时器1
12     P2=0;                             //显示全灭
13     for(;;){;}                        //无限循环
14   }
15
16   void serial() interrupt 4           //串口中断服务程序
17   {
18     if(TI)  TI=0;                      //处理发送中断
19     if(RI)
20     {   RI=0;                          //处理接收中断
```

```
21          if((SBUF>=0x30)&&(SBUF<=0x39))        //若是数字0~9,则显示
22          P2=dispcode[SBUF-0X30];
23          else P2=dispcode[10];                  //若是其他,则显示"H"符号
24      }
25  }
```

程序中:

第7行是开启允许串口中断;

第9~11行是设置定时器/计数器T1为8位自装载模式,并根据波特率的要求设定溢出时间,但不开启其中断;

第18~20行是串口中断软件清除中断标记,显然无论发送中断还是接收中断都会进入这个中断函数,这是因为串口中断只有一个入口地址的原因;

第21行在判断接收到信息处理时,由于使用的是字符形式发送数据,就是"0x30~0x39"对应数字"0~9",所以处理时需要将0x30弃掉。

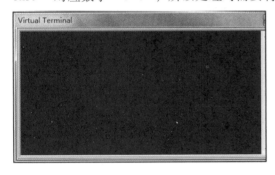

图5.25 仿真显示效果

(5) 调试与说明

调试时注意单片机的晶振选择必须是11.0592 MHz,具体见前面的案例。仿真运行后,打开虚拟终端,并通过PC的键盘输入字符,如图5.25所示。当输入数字"9"时,运行效果如图5.25所示。注意,在虚拟终端输入字符时,虚拟终端没有任何提示字符,只需观察数码管的显示效果即可。

(6) 思考

在调试过程中,在虚拟终端输入字符没有提示,这一点非常不方便,如何解决这个问题?

5.4.3 串口收发

(1) 功能描述

使用按键与虚拟终端进行串口通信收发仿真。实现功能:按键KEY1~KEY3按下时,单片机向虚拟终端发送按键值;按键KEY4控制单片机允许串口接收,LED指示。当处于允

许接收状态时,从虚拟终端中发送任意一个字符给单片机,单片机将其再发送出去(在虚拟终端窗口),并将其数据进行显示。

(2) 仿真电路

电路主要由单片机、4个独立按键、1只数码管、1只LED指示灯和虚拟终端组成。4个独立按键连接至单片机P1口的低4位,数码管通过P2口驱动;LED指示灯连接至单片机P3.7,虚拟终端连接至单片机的串行通信端口P3.0和P3.1。串口收发仿真电路如图5.26所示。

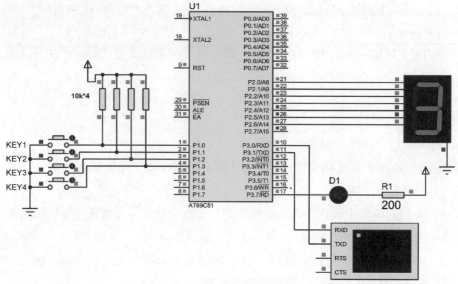

图 5.26　串口收发仿真电路

（3）实现思路

在程序开始运行后，首先调用一按键识别程序 scankey( )，对按键进行判断，如果是 KEY1～KEY3，则在数码管上显示相应的号码，并关闭串口接收，同时修改按键识别变量 Y；如果是 KEY4，则打开接收，并点亮指示灯，在数码管上显示"4"，同时修改按键识别变量 Y 为 0。

由于本案例既有串口发送又有串口接收，因此在串口中断服务程序中需要分别处理。在程序中设置一全局变量 BJ，用于是否允许发送的标志位，该标志位在进入串口发送中断程序后打开。在主程序中只要判断是否允许发送，并将按键编号发送出去，发送的形式是"KEYx"，其中 x 为按键编号 1～3 号。

（4）程序分析

程序主要由 4 个函数构成：延时函数 DELAY( )、键盘识别函数 scankey( )、主函数 main( ) 和串口通信中断函数 serial( )。

键盘识别函数 scankey( ) 完成键盘的识别，将键盘信息存储到待发送变量中，并在数码管上完成显示；主函数 main( ) 完成串口通信参数的初始化设置；串口通信中断函数 serial( ) 完成判断是发送还是接收中断，是发送中断则做好相应的标记并为下次发送做好准备，是接收中断则将接收到的信息再通过串口发送出去。

主函数流程图如图 5.27 所示。

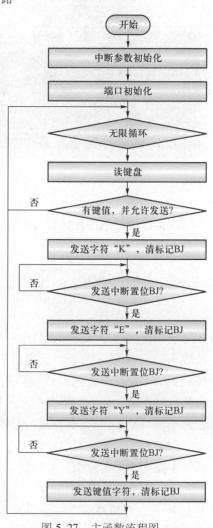

图 5.27　主函数流程图

按键识别函数流程图 5.28 所示。

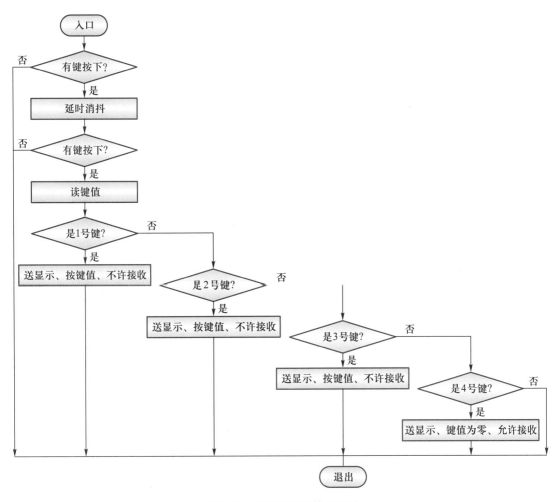

图 5.28 按键识别函数流程图

串口收发参考程序如下：

```
1    #include<reg51.h>
2    sbit LED=P3^7;                    //允许接收指示灯
3    unsigned char X,Y;               //X为按键接收缓冲,Y为按键编号
4    bit BJ;                          //允许发送标记
5
6    void DELAY()                     //延时,按键消抖用
7    {
8      int m=15000;
9      while(--m);
10   }
11
12   void scankey()                   //键盘识别
```

```
13      {
14        Y = 0;                                   //按键编号初始化
15        if( P1! = 0xFF)                          //有按键按下
16          {
17          DELAY( );                              //延时
18          if( P1! = 0xFF)                        //仍有按键按下
19            {
20            X = P1;
21            LED = 1;                             //读键值,灭 LED 灯
22          switch( X)
23              {
24              case 0xFE:P2 = 0x06;Y = 0x31;REN = 0;break;     //KEY1 键值处理
25              case 0xFD:P2 = 0x5B;Y = 0x35;REN = 0;break;     //KEY2 键值处理
26              case 0xFB:P2 = 0x4F;Y = 0x33;REN = 0;break;     //KEY3 键值处理
27              case 0xF7:P2 = 0x66;Y = 0x0;REN = 1;LED = 0;break;   //允许接收
28              default:break;
29              }
30            }
31          }
32      }
33
34    void main( )                               //主程序
35    {
36      IE = 0x90;                                //允许串口中断
37      SCON = 0x40;                              //串口工作于方式 1,允许接收
38      TMOD = 0x20;                              //定时器 T1 工作于方式 2
39      TH1 = 0xFD;TL1 = 0xFD;                    //系统默认 9600 bps
40      TCON = 0x40;                              //启动定时器 T1
41      BJ = 1;                                   //允许发送
42      P2 = 0;                                   //显示全灭
43      for( ;;)                                  //无限循环
44        {
45      scankey( );                               //键盘识别
46        if( Y&BJ)                               //按键为 KEY1~KEY3 且允许发送
47          {
48            SBUF = 'K';BJ = 0;while( !BJ);//发送'K'字符,等待发送完
49            SBUF = 'E';BJ = 0;while( !BJ);//发送'E'字符,等待发送完
50            SBUF = 'Y';BJ = 0;while( !BJ);//发送'Y'字符,等待发送完
```

```
51          SBUF＝Y；BJ＝0；              //发送键值编号字符
52        ｝
53     ｝
54  ｝
55
56  void serial( )interrupt 4              //串口中断服务程序
57  ｛
58   if( TI)｛ TI＝0；BJ＝1；｝              //处理发送中断
59   if( RI)｛ RI＝0；SBUF＝SBUF；｝         //处理接收中断,将接收到的数据发送出去
60  ｝
```

程序中：

第 4 行使用了一个 bit 类型的变量 BJ 做允许发送的标记位，防止上次数据没有发完，就装载 SBUF，出现将前面的数据冲掉的情况；

第 46 行是判断能发送（BJ＝1）且有信息需要发送（Y！＝0），Y 是按键的数字对应字符值；

第 48~51 行是处理发送信息；

第 58 行是上个数据发送完，清发送中断标志，置允许发送标记 BJ；

第 59 行是清接收中断标记，同时将从 RXD 端口接收到的数据再从 TXD 端口发送出去，不是自己给自己，是两个独立的 SBUF，一个专管发送，一个专管接收。

图 5.29　仿真显示效果

（5）调试与说明

仿真运行，按下按键 KEY3，则数码管显示"3"，同时在虚拟终端显示"KEY3"，如图 5.29 所示。

（6）思考

在中断服务程序中"SBUF＝SBUF；"语句有什么作用？去掉后对仿真效果有什么影响？

5.4.4　同步通信

（1）功能描述

将串口作同步移位寄存器用，其波特率固定为 $f_{osc}/12$，其数据位为 8 位。串行数据从 RXD(P3.0)端输入或输出，同步移位脉冲由 TXD(P3.1)送出。按键每按下一次，数码管显示加 1。

（2）仿真电路

电路主要由单片机、按键、74LS164 和 1 位数码管组成。同步通信仿真电路如图 5.30 所示。

（3）实现思路

74LS164 是一个串口输入、并口输出的逻辑芯片，利用它可以节省单片机端口，达到

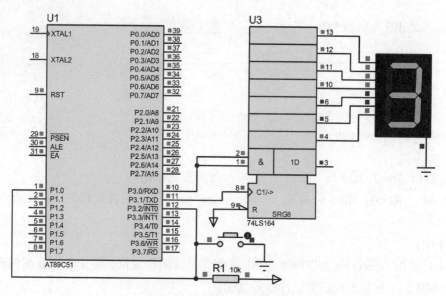

图 5.30   同步通信仿真电路

2 个端口产生 8 个数据的效果。数据通过两个输入端（DSA 或 DSB）之一串口输入；任一输入端可以用作高电平使能端，控制另一输入端的数据输入。或者将两个输入端连接在一起，或者把不用的输入端接高电平，一定不要悬空。

（4）程序分析

程序由 3 个函数组成：主函数 main( )、串口通信中断函数 ser_isr( ) 和外部中断 0 函数 int0_isr( )。主函数 main( ) 负责外部中断和串口通信中断的参数初始化；串口通信中断函数 ser_isr( ) 则负责清除引起串口中断的标记位；外部中断 0 函数 int0_isr( ) 则是将按键按下的次数数值通过串口发送出去。

在程序设计中，将串口工作方式设定为方式 0，即移位寄存器方式。按键的识别通过中断方式识别，在中断服务程序中将计数变量 x 加 1，并将相应的段码通过串口 RXD 发送出去。由于只有 1 位数码管，显示 0~9，因此采用 x%10（取余）的方式。

源程序如下所示。

```
1    #include <AT89X51.h>
2    unsigned char DM[ ] = {0x3F, 0x06, 0x5B, 0x4F, 0x66, 0x6D, 0x7D, 0x07, 0x7F,
     0x6F};
3    unsigned char x;
4
5    void main( )
6    {
7      SCON = 0x0; IE = 0x91; TCON = 0x01;
8    while(1);
9    }
10
11    void ser_isr( )    interrupt 4
```

```
12        if( TI)   TI = 0;
13        if( RI)  RI = 0;
14    }
15
16    void int0_isr( ) interrupt 0
17    {
18        static unsigned char x = 0;
19        x++;
20        SBUF = DM[ x%10];
21    }
```

程序中：

第 7 行设置串口工作方式为方式 0，即同步通信，此时不存在波特率的设置，TCON 设置外部中断$\overline{\text{INT0}}$是下降沿触发；

第 11~14 行是串口中断函数，同样需要将中断的标记位软件清零；

第 16~21 行是外部中断$\overline{\text{INT0}}$中断函数，在第 20 行将按键按下次数的个位数的段码发送出去，便于 74LS164 输出口接的数码管显示数字。

（5）调试与说明

MCS-51 单片机在做同步通信时，其 TXD 是作为同步时钟输出的引脚，RXD 是作为数据的引脚，通常情况下单片机是呈现主动的地位，就是我们常说的主机位置；而 74LS164 是一个串进并出数据格式的芯片，将其输出端连接数码管，当我们按下按键就可发现数码管的显示会对应发生变化。

（6）思考

由于显示只有 0~9 区间，除了取余方式，还有什么方式可以实现？

5.4.5　I²C 通信——AT24C02

（1）功能描述

I²C（inter integrated circuit）常译为内部集成电路总线，或集成电路间总线，它是由 Philips 公司推出的芯片间串行传输总线。使用 2 线实现数据通信，分别为：串行数据线 SDA 和串行时钟线 SCL。本案例实现的功能是将数据写入指定的 AT24C02 的地址中，再从相应的地址读出相应的数据，并送到单片机的 P1 口。仿真时可以看到 P1 口的高低电平发生变化，则说明数据读取成功。

> **教学案例：**
> 1. 异步串口 URAT 实验
> 2. LCD_H2R 串口收
> 3. 同步串口 SPI 实验
> 4. AT2402 的 I²C 实验

（2）仿真电路

在通用 51 单片机中，没有集成 I²C 总线，一般使用普通的 I/O 口来模拟 I²C 总线。在本案例中，使用单片机的 P2.0 和 P2.1 口模拟 I²C 总线。电路主要由单片机和 AT24C02 组成，I²C 通信仿真电路如图 5.31 所示。

（3）实现思路

AT24C02 的存储容量为 2 Kb，内容分成 32 页，每页 8B，共 256B，操作时有两种寻址

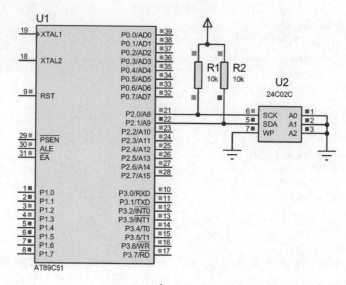

图 5.31 I²C 通信仿真电路

方式：芯片寻址和片内子地址寻址。

① 芯片寻址：AT24C02 的芯片地址为 1010，其地址控制字格式为 1010A2A1A0R/W。其中 A2，A1，A0 为可编程地址选择位。A2，A1，A0 引脚接高、低电平后得到确定的三位编码，与 1010 形成 7 位编码，即为该器件的地址码，本案例电路中是全部接地。R/W 为芯片读写控制位，该位为 0，表示芯片进行写操作。

② 片内子地址寻址：芯片寻址可对内部 256B 中的任一个进行读/写操作，其寻址范围为 00~FF，共 256 个寻址单位。

I²C 总线信号类型主要有开始信号、结束信号和应答信号，分别如下：

① 开始信号：SCL 为高电平时，SDA 由高电平向低电平跳变，开始传送数据。

② 结束信号：SCL 为低电平时，SDA 由低电平向高电平跳变，结束传送数据。

③ 应答信号：接收数据的器件在接收到 8 位数据后，向发送数据的器件（发送器）发出特定的低电平脉冲，表示已收到数据。发送器接收到应答信号后，根据实际情况做出是否继续传递信号的判断。若未收到应答信号，则判断为接收器出现故障。

其中，数据只能在 SCL 为低电平时才能改变，SCL 为高电平时 SDA 须稳定。起始信号与结束信号都由主器件产生。其基本信号的时序图如图 5.32 所示。

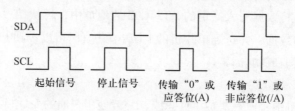

图 5.32 I²C 总线上基本信号的时序图

I²C 总线数据传输时需要注意以下几个方面：

① 主器件和从器件都可以工作于接收和发送状态。

② 总线必须由主器件（通常为单片机）控制，主器件产生串行时钟控制总线的传输

方向，并产生起始和停止条件。

③ 在起始信号结束后，主器件将发送一个用于选择从器件地址的7位地址码和一个数据方向位（R/W），方向位为"0"表示主器件把数据写到所选择的从器件中，此时主器件作为发送器，而从器件作为接收器；方向位为"1"表示主器件从所选择的从器件中读取数据，此时主器件作为接收器，而从器件作为发送器。在寻址字节后是按指定读、写操作的数据字节与应答位。在数据传送完成后主器件必须发送停止信号。

④ 完成一次完整的数据传送过程如图 5.33 所示。

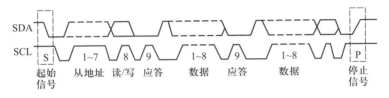

图 5.33　一次完整的数据传送过程

（4）程序分析

根据厂商提供的时序图设计程序，在程序设计中，有以下几个功能函数：

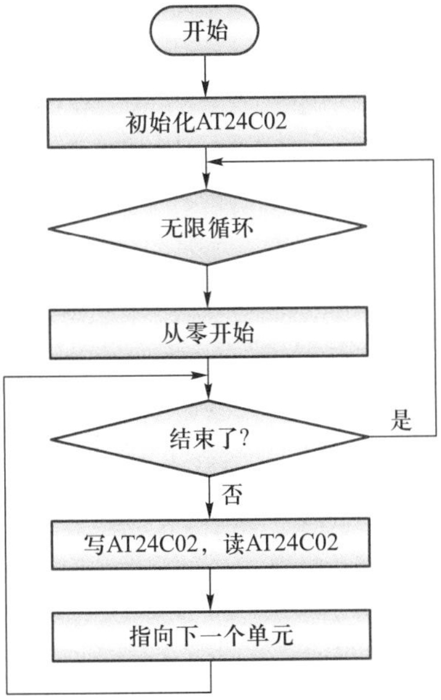

I^2C 初始化：void i2c_init( )；

I^2C 开始函数：void start( )；

向 I^2C 指定地址写一个字节数据：void write_at24c02(uchar address，uchar date)；

从 I^2C 指定地址读取数据：uchar read_at24c02（address)；

I^2C 应答函数：void ack( )；和无应答函数：void nack( )；

I^2C 停止函数：void stop( )；

向 I^2C 写一个字节：send_byte( )；

从 I^2C 读一个字节：read_byte( )；

主函数 Main( )向 I^2C 的地址 0x00~0xFE 写数据 0x00~0xFE 数值，并从相应地址读出来送 P2 口显示。

I^2C 通信主函数流程图如图 5.34 所示。

I^2C 通信参考程序如下：

图 5.34　I^2C 通信主函数流程图

```
1      #include< reg51. h>
2      #define   uchar unsigned char
3      #define   uint unsigned int
4      #define write_c02 0xa0        //a0~a2＝0
5      #define read_c02 0xa1
6      sbit sda ＝ P2^1；
7      sbit scl ＝ P2^0；
8
```

```
 9    void delay()
10    {   uchar j=2;
11        while(j--);
12    }
13
14    void i2c_init()              //I²C 初始化
15    {
16        sda = 1;
17        delay();
18        scl = 1;
19        delay();
20    }
21
22    void delayms(uint xms)       //delayms
23    {
24        uchar x, y;
25        for(x=xms; x > 0; x--)
26        for(y = 110; y > 0; y--);
27    }
28
29    void start()                 //启动 I²C
30    {
31        sda = 1;
32        scl = 1;
33        delay();                 //延时必须大于4.7μs,此处约为5μs
34        sda = 0;                 //当 scl 为高电平时,sda 一个下降沿为启动信号
35        delay();
36    }
37
38    void stop()                  //停止 I²C
39    {
40        sda = 0;
41        scl = 1;
42        delay();
43        sda = 1;                 //当 scl 为高电平时,sda 一个上升沿为停止信号
44        delay();
45    }
46
```

```
47    void ack( )              //应答信号 0
48    {
49      uchar i = 0;           //等待变量
50      scl = 1;               //在 scl 为高电平期间等待应答
51      delay( );
52      while( ( sda = = 1) && i < 250)
53          //若为应答 0 即退出,从机向主机发送应答信号
54      i++;                   //等待一段时间
55      scl = 0;               //应答之后将 scl 拉低
56      delay( );
57    }
58
59    void nack( )             //非应答
60    {
61      scl = 1;               //在 scl 为高电平期间,由主机向从机发送一个 1,非应答信号
62      delay( );
63      sda = 1;
64      scl = 0;               //应答之后将 scl 拉低
65      delay( );
66    }
67
68    void send_byte( uchar date) //写一个字节
69    {
70      uchar i, temp;
71      temp = date;           //存入要写入的数据,即要发送到 sda 上的数据
72      for( i = 0; i < 8; i++)
73        {                    //发送 8 位
74        temp <<= 1;          //将数据的最高位移入 PSW 中的 CY 位中
75        scl = 0;             //只有当 scl 为低电平时,才允许 sda 上的数据变化
76        delay( );
77        sda = CY;            //将 CY 里的数据发送到 sda 数据线上
78        delay( );            //可以延时
79        scl = 1;             //当 scl 为高电平时,不允许 sda 上的数据变化,使数据稳定
80        delay( );
81        scl = 0;             //允许 sda 数据线的数据变化,等待下一个数据的传输
82        delay( );
83        }
84      //wait ack;发送完一个字节数据后,主机要等待从机的应答,第 9 位
```

```
85        scl = 0;                    //允许 sda 变化
86        delay();
87        sda = 1;                    //sda 拉高等待应答,当 sda=0 时,表示从机的应答
88        delay();
89      }
90
91    uchar read_byte()              //读一个字节数据
92    {
93        uchar i, j, k;
94        scl = 0;                    //读之前先允许 sda 变化
95        delay();                    //等待数据
96        for(i = 0; i < 8; i++)
97        {
98            scl = 1;                //不允许 sda 变化
99            delay();                //使 sda 数据稳定后开始读数据
100           j = sda;                //读出 sda 上的数据
101           k = (k << 1)|j;         //将数据通过|运算存入 k 中
102           scl = 0;                //允许 sda 变化等待下一位数据的到来
103           delay();
104       }
105       return k;                   //返回读出的数据
106   }
107   // 在 AT24C02 中的指定地址写入数据
108   void write_at24c02(uchar address, uchar date)
109   {
110       start();                    //启动 I²C
111       send_byte(write_c02);       //写入期间地址和写操作
112       ack();                      //从机应答 0
113       send_byte(address);         //写入写数据的单元地址
114       ack();                      //从机应答 0
115       send_byte(date);            //在指定地址中写入数据
116       ack();                      //从机应答 0
117       stop();                     //停止 I²C
118   }
119   //在 AT24C02 的指定地址中读出写入的数据
120   uchar read_at24c02(address)
121   {
122       uchar dat;                  //用来存储读出的数据
```

```
123    start( );                   //启动 I²C
124    send_byte( write_c02 );     //写入 AT24C02 器件地址和写操作
125    ack( );                     //从机应答 0
126    send_byte( address );       //写入要读取 AT24C02 的数据的单元地址
127    ack( );                     //从机应答 0
128    start( );                   //再次启动 I²C
129    send_byte( read_c02 );      //写入 AT24C02 器件地址和读操作
130    ack( );                     //从机应答 0
131    dat = read_byte( );         //读出指定地址中的数据
132    nack( );                    //主机发出非应答 1
133    stop( );                    //停止 I²C
134    return dat;                 //返回读出的数据
135    }
136
137    void main( )
138    {
139    uchar i;
140    i2c_init( );
141    start( );
142    while( 1 )
143      {
144      for( i = 0x00; i < 0xFF; i++ )
145        {
146          write_at24c02( i, i );
147          delayms( 10 );        //需等待 10 ms
148          P1 = read_at24c02( i );
149        delayms( 2000 );
150        }
151      }
152    }
```

程序中：

第 4 行与第 5 行分别是写、读命令，它们的区别是二进制最后 1 位是"0"还是"1"，可以查阅该芯片的厂家说明；

第 14~20 行是 AT24C02 的初始化，实现将数据线 SDA 和时钟线 SCL 拉高；

第 140 行是调用 AT24C02 初始化，在每次读写操作开始前，数据线和时钟线都应该处于高电平，否则会出错；

第 144 行表明写、读操作 255 个数，并不是 256 个，在窗口观察时可以清楚看到 0xFF 的地址单元并没有被操作过；

第 146 行是向地址为 i 的写入数据 i；

第 148 行是读 AT24C02 中地址单元为 i 的数据。

其他的在前面都分别做了说明，这里就不重复了。

（5）调试与说明

在仿真调试时，可以打开 AT24C02，观察到存储器中存储的数据，如图 5.35 所示。

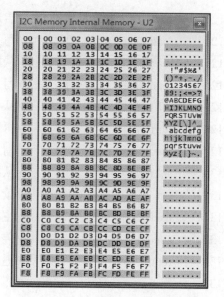

在对 I²C 芯片读写操作时，应该严格按照芯片厂家提供的工作时序图编程，对应具备 OC 接口的芯片引脚，在电路设计中一定要加上拉电阻，否则数据不正确。

（6）思考

AT24C02 的内存大小只有 2 Kb，即 256B，当不够用时如何处理，包括软件如何调整。

图 5.35　AT24C02 存储的数据

5.4.6　SPI 通信

（1）功能描述

串行外围设备接口（SPI，serial peripheral interface）是 Motorola 公司首先在其 MC68HCXX 系列处理器上定义的。SPI 是一种高速的、全双工、同步的通信总线，并且在芯片的引脚上只占用四根线，节约了芯片的引脚，同时为 PCB 的布局节省空间，提供方便，正是出于这种简单易用的特性，现在越来越多的芯片集成了这种通信协议。SPI 总线系统是一种同步串行外设接口，可以使 MCU 与外围设备以串行方式进行通信。SPI 总线系统可直接与各个厂家生产的多种标准外围器件直接接口，该接口一般使用 4 条线：串行时钟线（SCK）、主机输入/从机输出数据线（MISO）、主机输出/从机输入数据线（MOSI）和从机选择线（SS）（低电平有效。有的 SPI 接口芯片带有中断信号线 INT、有的 SPI 接口芯片没有主机输出/从机输入数据线 MOSI）。收发独立、可同步进行。SPI 接口主要应用在 EEPROM、Flash、实时时钟、A/D 转换器，还有数字信号处理器和数字信号解码器之间。

本案例主要通过单片机从时钟芯片 DS1302 中读取实时时钟，并在 LCD1602 显示屏上显示出来。

（2）仿真电路

电路主要包括单片机、时钟芯片 DS1302、LCD1602 显示屏以及一些辅助元器件。其中 LCD 显示屏连接至单片机的 P2 和 P0 口，具体内容见 2.4.6 节。DS1302 通过 P1.5、P1.6 和 P1.7 与单片机通信，采用 SPI 通信协议。SPI 通信仿真电路如图 5.36 所示。

（3）实现思路

SPI 接口是同步串行接口，利用时钟线对数据位进行同步，时钟的上升沿和下降沿锁存数据。SPI 的两种类型：四线制和三线制。四线制接口：SCLK、MOSI、MISO、CS；三

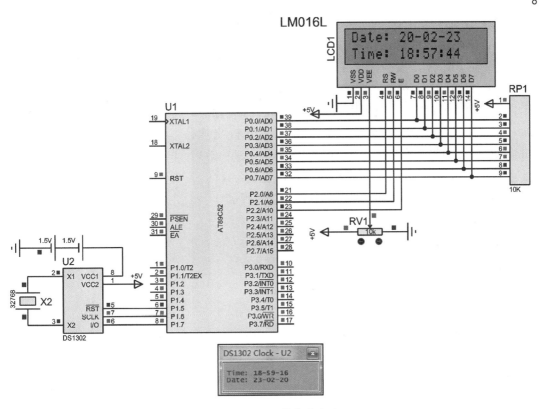

图 5.36　SPI 通信仿真电路

线制接口：SCLK、SDA、CS。三线制和四线制的不同在于，四线制接口可以实现的是 master in 和 master out。但三线制只有 master out。不管是三线制还是四线制，片选 CS 是必须有的。master 使用不同的 CS 信号可以连接多个 salver。

DS1302 是 DALLAS 公司推出的涓流充电时钟芯片，内含一个实时时钟/日历和 31 字节静态 RAM，通过简单的串行接口与单片机进行通信，实时时钟/日历电路提供秒分时日日期月年的信息，每月的天数和闰年的天数可自动调整，时钟操作可通过 AM/PM 指示决定采用 24 小时或 12 小时格式。DS1302 与单片机之间能简单地采用同步串行的方式进行通信仅需用到三个口线：RES 复位、I/O 数据线和 SCLK 串行时钟。时钟/RAM 的读/写数据以一个字节或多达 31 个字节的字符组方式通信，DS1302 工作时功耗很低，保持数据和时钟信息时功率小于 1 mW。

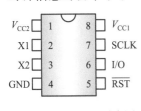

图 5.37　DS1302 引脚图

DS1302 是典型的三线制 SPI 接口，高电平使能，写上升沿锁存，读下降沿锁存，先发送最低位。DS1302 的时间信息以寄存器的形式存储在芯片内部，通过 SPI 接口，对相应的寄存器进行读操作，可以获得当前时间数值；进行写操作，可以设定当前时间。DS1302 引脚图如图 5.37 所示。DS1302 只用到了 SCLK、I/O 和 $\overline{\text{RST}}$ 三个端口，其实就是省略了标准接口中只能够单向传输的 MISO 和 MOSI。

（4）程序分析

程序主要由 2 个头文件和 1 个 C 文件组成：LCD1602. H、DS1302. H 以及 DS11302. C。其中 LCD1602 与 LCD 显示有关，在前面 2.4.6 节中已经分析过，这里不再赘述。

DS1302. H 定义了 DS1302 的时钟、数据和复位引脚,定义的位置必须与仿真电路保持一致。时钟定义在 P1.6 口,数据定义在 P1.7 口,复位定义在 P1.5 口。

在 DS11302. C 程序中,主要通过几个函数来实现功能。其中, DS1302_GetTime()函数用于获取 DS1302 的实时时钟, DateToStr()函数将读取到的时钟中的日期解析出来; TimeToStr()函数将读取到的时钟中的时间解析出来;最后通过 Print()函数将日期和时间在 LCD 指定位置上显示。

DS11302. C 的 main()函数流程图如图 5.38 所示。

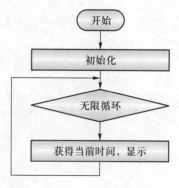

图 5.38 main()函数流程图

具体参考程序如下:

LCD1602. H

```
#ifndef LCD_CHAR_1602_2005_4_9
#define LCD_CHAR_1602_2005_4_9
#include <intrins. h>
//Port Definitions ************************************************
sbit LcdRs      = P2^0;
sbit LcdRw      = P2^1;
sbit LcdEn      = P2^2;
sfr  DBPort     = 0x80;          //P0 = 0x80,P1 = 0x90,P2 = 0xA0,P3 = 0xB0 数据端口

//内部等待函数
unsigned char LCD_Wait(void)
{
    LcdRs = 0;
    LcdRw = 1;      _nop_();
    LcdEn = 1;      _nop_();
    //while(DBPort&0x80);     //在用 Proteus 仿真时,注意屏蔽此语句,在调用
GotoXY()时,会进入死循环
//可能在写该控制字时,该模块没有返回写入完备命令,即 DBPort&0x80 = = 0x80
                                //实际硬件时打开此语句
    LcdEn = 0;
    return DBPort;
}
//向 LCD 写入命令或数据 ****************************************
#define LCD_COMMAND          0          // Command
#define LCD_DATA             1          // Data
#define LCD_CLEAR_SCREEN     0x01       // 清屏
#define LCD_HOMING           0x02       // 光标返回原点
```

```
void LCD_Write(bit style, unsigned char input)
{
    LcdEn=0;
    LcdRs=style;
    LcdRw=0;            _nop_();
    DBPort=input;       _nop_();            //注意顺序
    LcdEn=1;            _nop_();            //注意顺序
    LcdEn=0;            _nop_();
    LCD_Wait();
}
```

//设置显示模式 **

```
#define LCD_SHOW          0x04      //显示开
#define LCD_HIDE          0x00      //显示关


#define LCD_CURSOR        0x02      //显示光标
#define LCD_NO_CURSOR     0x00      //无光标


#define LCD_FLASH         0x01      //光标闪动
#define LCD_NO_FLASH      0x00      //光标不闪动

void LCD_SetDisplay(unsigned char DisplayMode)
{
    LCD_Write(LCD_COMMAND, 0x08|DisplayMode);
}
```

//设置输入模式 **

```
#define LCD_AC_UP         0x02
#define LCD_AC_DOWN       0x00      // default


#define LCD_MOVE          0x01      // 画面可平移
#define LCD_NO_MOVE       0x00      //default

void LCD_SetInput(unsigned char InputMode)
{
    LCD_Write(LCD_COMMAND, 0x04|InputMode);
}
```

```
//初始化 LCD **********************************************
void LCD_Initial( )
{
    LcdEn = 0;
    LCD_Write( LCD_COMMAND,0x38);              //8 位数据端口,2 行显示,5×7 点阵
    LCD_Write( LCD_COMMAND,0x38);
    LCD_SetDisplay( LCD_SHOW | LCD_NO_CURSOR);      //开启显示,无光标
    LCD_Write( LCD_COMMAND,LCD_CLEAR_SCREEN);      //清屏
    LCD_SetInput( LCD_AC_UP | LCD_NO_MOVE);        //AC 递增,画面不动
}


void GotoXY( unsigned char x, unsigned char y)
{
    if( y == 0)
        LCD_Write( LCD_COMMAND,0x80 | x);
    if( y == 1)
        LCD_Write( LCD_COMMAND,0x80 | ( x-0x40));
}
void Print( unsigned char * str)
{
    while( * str! = '\0')
    {
        LCD_Write( LCD_DATA, * str);
        str++;
    }
}
#endif
```

DS1302. H

```
#ifndef _REAL_TIMER_DS1302_2003_7_21_
#define _REAL_TIMER_DS1302_2003_7_21_

sbit   DS1302_CLK = P1^6;              //实时时钟时钟线引脚
sbit   DS1302_IO  = P1^7;              //实时时钟数据线引脚
sbit   DS1302_RST = P1^5;              //实时时钟复位线引脚
sbit   ACC0 = ACC^0;
sbit   ACC7 = ACC^7;


typedef struct __SYSTEMTIME__
```

```
{
    unsigned char Second;
    unsigned char Minute;
    unsigned char Hour;
    unsigned char Week;
    unsigned char Day;
    unsigned char Month;
    unsigned char   Year;
    unsigned char DateString[9];
    unsigned char TimeString[9];
}SYSTEMTIME;                                    //定义的时间类型

#define AM(X)       X
#define PM(X)       (X+12)                      // 转成 24 小时制
#define DS1302_SECOND    0x80
#define DS1302_MINUTE    0x82
#define DS1302_HOUR      0x84
#define DS1302_WEEK      0x8A
#define DS1302_DAY       0x86
#define DS1302_MONTH     0x88
#define DS1302_YEAR      0x8C
#define DS1302_RAM(X)    (0xC0+(X)*2)   //用于计算 DS1302_RAM 地址的宏

void DS1302InputByte(unsigned char d)           //实时时钟写入一个字节(内部函数)
{
    unsigned char i;
    ACC = d;
    for(i=8; i>0; i--)
    {
        DS1302_IO = ACC0;                       //相当于汇编中的 RRC
        DS1302_CLK = 1;
        DS1302_CLK = 0;
        ACC = ACC >> 1;
    }
}

unsigned char DS1302OutputByte(void)            //实时时钟读取一个字节(内部函数)
{
    unsigned char i;
```

```
    for(i=8; i>0; i--)
    {
        ACC = ACC >>1;                    //相当于汇编中的 RRC
        ACC7 = DS1302_IO;
        DS1302_CLK = 1;
        DS1302_CLK = 0;
    }
    return(ACC);
}
//ucAddr：DS1302 地址，ucData：要写的数据
void Write1302(unsigned char ucAddr, unsigned char ucDa)
{
    DS1302_RST = 0;
    DS1302_CLK = 0;
    DS1302_RST = 1;
    DS1302InputByte(ucAddr);              // 地址,命令
    DS1302InputByte(ucDa);                // 写1个字节数据
    DS1302_CLK = 1;
    DS1302_RST = 0;
}

unsigned char Read1302(unsigned char ucAddr)   //读取 DS1302 某地址的数据
{
    unsigned char ucData;
    DS1302_RST = 0;
    DS1302_CLK = 0;
    DS1302_RST = 1;
    DS1302InputByte(ucAddr|0x01);         // 地址,命令
    ucData = DS1302OutputByte();          // 读1个字节数据
    DS1302_CLK = 1;
    DS1302_RST = 0;
    return(ucData);
}

void DS1302_SetProtect(bit flag)          //是否写保护
{
    if(flag)
        Write1302(0x8E,0x10);
    else
```

```
        Write1302(0x8E,0x00);
}

void DS1302_SetTime(unsigned char Address, unsigned char Value)    // 设置时间函数
{
    DS1302_SetProtect(0);
    Write1302(Address, ((Value/10)<<4 | (Value%10)));
}

void DS1302_GetTime(SYSTEMTIME * Time)
{
    unsigned char ReadValue;
    ReadValue = Read1302(DS1302_SECOND);
    Time->Second = ((ReadValue&0x70)>>4) * 10 + (ReadValue&0x0F);
    ReadValue = Read1302(DS1302_MINUTE);
    Time->Minute = ((ReadValue&0x70)>>4) * 10 + (ReadValue&0x0F);
    ReadValue = Read1302(DS1302_HOUR);
    Time->Hour = ((ReadValue&0x70)>>4) * 10 + (ReadValue&0x0F);
    ReadValue = Read1302(DS1302_DAY);
    Time->Day = ((ReadValue&0x70)>>4) * 10 + (ReadValue&0x0F);
    ReadValue = Read1302(DS1302_WEEK);
    Time->Week = ((ReadValue&0x70)>>4) * 10 + (ReadValue&0x0F);
    ReadValue = Read1302(DS1302_MONTH);
    Time->Month = ((ReadValue&0x70)>>4) * 10 + (ReadValue&0x0F);
    ReadValue = Read1302(DS1302_YEAR);
    Time->Year = ((ReadValue&0x70)>>4) * 10 + (ReadValue&0x0F);
}

void DateToStr(SYSTEMTIME * Time)
{
    Time->DateString[0] = Time->Year/10 + '0';
    Time->DateString[1] = Time->Year%10 + '0';
    Time->DateString[2] = '-';
    Time->DateString[3] = Time->Month/10 + '0';
    Time->DateString[4] = Time->Month%10 + '0';
    Time->DateString[5] = '-';
    Time->DateString[6] = Time->Day/10 + '0';
    Time->DateString[7] = Time->Day%10 + '0';
    Time->DateString[8] = '\0';
```

```
        }

    void TimeToStr( SYSTEMTIME  ∗ Time)
    {
        Time->TimeString[ 0 ]  =  Time->Hour/10 + '0';
        Time->TimeString[ 1 ]  =  Time->Hour%10 + '0';
        Time->TimeString[ 2 ]  =  ':';
        Time->TimeString[ 3 ]  =  Time->Minute/10 + '0';
        Time->TimeString[ 4 ]  =  Time->Minute%10 + '0';
        Time->TimeString[ 5 ]  =  ':';
        Time->TimeString[ 6 ]  =  Time->Second/10 + '0';
        Time->TimeString[ 7 ]  =  Time->Second%10 + '0';
        Time->DateString[ 8 ]  =  '\0';
    }

    void Initial_DS1302( void)
    {
        unsigned char Second = Read1302( DS1302_SECOND) ;
        if( Second&0x80)
            DS1302_SetTime( DS1302_SECOND,0) ;
    }
```

DS1302. C

```
1     #include <REGX52. H>
2     #include "LCD1602. h"
3     #include "DS1302. h"
4
5     void Delay1ms( unsigned int count)
6     {
7       unsigned int i,j;
8       for( i=0;i<count;i++)
9       for( j=0;j<120;j++) ;
10    }
11
12    void main( )
13    {
14      SYSTEMTIME CurrentTime;
15      LCD_Initial( ) ;
16      Initial_DS1302( ) ;
17      GotoXY(0,0) ;
```

```
18        Print("Date: ");
19        GotoXY(0,1);
20        Print("Time: ");
21        while(1)
22          {
23          DS1302_GetTime(&CurrentTime);
24          DateToStr(&CurrentTime);
25          TimeToStr(&CurrentTime);
26          GotoXY(6,0);
27          Print(CurrentTime. DateString);
28          GotoXY(6,1);
29          Print(CurrentTime. TimeString);
30          Delay1ms(300);
31          }
32      }
```

程序中：

第2行和第3行是前面定义的两个头文件，最好能放在本工程文件夹下面；

第14行定义了一个类型 SYSTEMTIME 的变量 CurrentTime，从 DS1302. H 文件里可以看到它的原型定义如下：

```
typedef struct __SYSTEMTIME__
{   unsigned char Second;unsigned char Minute;
    unsigned char Hour;unsigned char Week;
    unsigned char Day;unsigned char Month;
    unsigned char Year;unsigned char DateString[9];
    unsigned char TimeString[9];
}SYSTEMTIME;
```

显示由9个成员组成，在访问其成员时可以采用"CurrentTime. Second"方式，若取其地址用指针访问则可采用"->Second"方式，具体的操作可以看程序中的应用例子；

第17行 GotoXY() 函数是在 LCD1602. H 中定义的，指光标移动到指定位置；

第18行 Print() 函数是在光标的位置处开始显示指定信息；

第23、24、25行是传入 SYSTEMTIME 的指针，大家可以看这些函数的定义时对传入参数的要求；

其他的内容可以查看头文件里的说明。

（5）调试与说明

DS1302 在 Proteus 库中的名称和符号如图 5.39 所示。在调试过程中，可以打开 DS1302 观察实时的日期和时间，是否与 LCD1602 显示屏显示一致。

（6）思考

DS1302 的时钟如果"秒"时间不准，会由哪些原因造成的？解决方法有哪些？

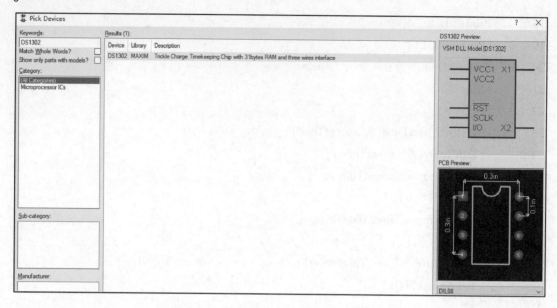

图 5.39　DS1302 在 Proteus 库中的名称和符号

习题

5.1　判断题

（1）串口中断请求标志必须由软件清除。

（2）由于 MCS-51 单片机串口的数据发送和接收缓冲器都是 SBUF，所以其串口不能同时发送和接收数据。

（3）8051 单片机串行中断只有一个，但有 2 个标志位。

（4）TI 是串口发送中断标志，RI 是串口接收中断标志。

（5）波特率反映了串行通信的速率。

（6）8051 单片机的 5 个中断源相应地在芯片上都有中断请求输入引脚。

（7）在中断开启的情况下，任何中断均能立即得到响应。

（8）8051 外部中断 0 的入口地址是 0000H。

（9）C51 中，特殊功能寄存器一定需要用大写。

（10）只要读取 SBUF 就可以完成接收串行数据。

5.2　选择题

（1）单片机 8051 的 RXD 和 TXD 引脚是（　　）引脚。

A. 外接定时器　　　　B. 外接串口　　　　C. 外接中断　　　　D. 外接晶振

（2）51 单片机的（　　）口的引脚，还具有外中断、串行通信等第二功能。

A. P0　　　　　　　　B. P1　　　　　　　　C. P2　　　　　　　　D. P3

5.3　什么是串行异步通信？它有哪些特征？

5.4　简述串口接收和发送数据的过程？

5.5　请编写基于查询法的串口通信程序，要求将从 PC 传给单片机的数显示出来，并返回"OK"信息。

5.6   请编写基于中断法的串口通信程序，要求将从 PC 传给单片机的数显示出来，并返回"OK"信息。

5.7   请写出基于虚拟串口软件的串口通信调试过程。

5.8   请写出 SPI 设备的信号线的名称及作用。

5.9   请画出 MCS-51 单片机 I/O 口模拟 SPI 总线接口原理图。

5.10   已知 I^2C 总线起始信号和停止信号如习题 5.10 图所示，请写出程序。

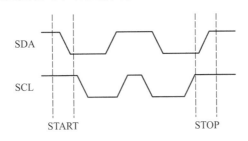

习题 5.10 图

5.11   请在 51 单片机上，在题 5.8 的基础上模拟 I^2C 总线。

5.12   如习题 5.12 电路图所示，编程实现串口通信，波特率为 9600 bps（TH1 = TL1 = 0xFD），无奇偶校验，1 位停止位。当按下 START 按键时，每隔 1 s 发送 1 个字符，字符内容自定；按下 STOP 键时，则停止发送。系统采用 11.0592 MHz。

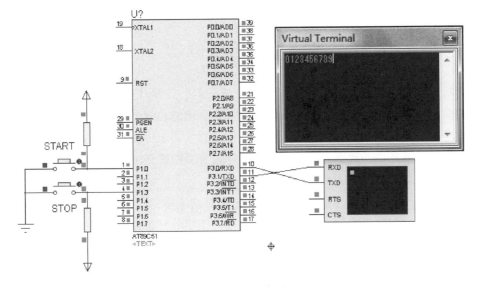

习题 5.12 电路图

单元 6

并口口扩展

MCS-51 单片机片内存储器和 I/O 资源还不能满足需要，需外扩存储器芯片和 I/O 接口芯片，即单片机的系统扩展。

系统扩展分为并行扩展和串行扩展，本单元介绍应用系统的并行扩展，涉及 MCS-51 片外两个存储器空间地址分配，并介绍如何扩展外部数据存储器和外部程序存储器以及扩展 I/O 接口芯片具体设计。

> 重点：扩展的电路和地址对应；利用指针读、写时序的程序编写；
> 难点：地址的计算。

6.1 三总线概念

计算机系统是以中央处理单元（CPU）为核心的，各器件在 CPU 的控制下协调处理二进制的信息，信息的传递引入了总线的概念。计算机的总线分为控制总线、地址总线和数据总线等三种。而数据总线用于传送数据，控制总线用于传送控制信号，地址总线则用于选择存储单元或外设。数据总线和控制总线比较容易理解，下面主要介绍一下地址与地址总线的概念和应用。

计算机内部所有的信息（数据）是以二进制形式表示的，即 0、1，在计算机里一个字节是由 8 位二进制数组成，在内部存放时是按一个字节一个存储单元存放。若干个单元就需要有相应的单元编码，这就是地址的概念，也是指针应用的基础，指针里存放的就是地址。地址信息传递是靠地址总线完成的，比如，CPU 在内存或硬盘里面寻找一个数据时，先通过地址总线送出地址信息，根据地址信息通过数据总线将数据取出来。

在计算机内部地址总线与存储容量之间是有关系的：一根地址总线编码确定一个存储单元，地址总线可能取的所有组合确定了存储单元的个数，即存储容量。

例如：一根地址总线，线上电平逻辑有 0 和 1 的变化，就可以对应 2 个存储单元的编码，我们就可以说有两个存储地址；

两根地址总线，线上电平逻辑有 00、01、10、11 的变化，可以对应 4 个存储单元的编码，即有 4 个存储地址；

三根地址总线，线上电平逻辑有 000、001、010、011、100、101、110、111 的变化，可以对应 8 个存储单元的编码，即有 8 个存储地址。

以此类推，我们发现地址总线数与存储单元的数量关系有 $2^{\text{地址总线数}}=$ 存储单元个数（存储容量）。按照一个单元可以存储一个字节（8 位二进制数）算，可以得出对应的存储字节容量和位容量。

特殊情况：地址总线数为 0，即存储单元个数为 1，这时不需要选择地址，直通一个存储单元。

用 n 表示地址总线的数量，则有 $2^n=$ 存储单元个数（存储容量）；如果用二进制表示地址分布，即从 n 个 0 到 n 个 1；如果用十六进制表示地址的分布，按照一个十六进制数为 4 个二进制数，从 0x0 开始表示第一个存储单元的地址，则最后一个存储地址表示为 0XaFF；其中 F 的个数是 $n/4$ 取整的数，a 是 $2^{n\%4}-1$。

如 14 根地址总线，存储单元的个数是 2^{14}，即 $2^{4+10}=16\,\text{KB}$，对应的地址编码从 0x0～0x3FFF。存储容量为 16 KB，或 128 Kb（在计算机内部所说的 1K 是 2^{10}，即 1024）。

6.2　MCS-51 单片机扩展技术

（1）扩展依据

如图 6.1 所示，51 单片机在扩展中的三总线为：数据总线（DB，data bus）为 P0 口，P0 口为双向数据通道，CPU 从 P0 口送出和读入数据；地址总线（AB，address bus）为 16 位，由 P2 口+P0 口构成，P0 口采用分时复用方式输出低 8 位地址和数据，高 8 位地址则通过 P2 口送出，其直接寻址能力达到 64 K（2 的 16 次方）；控制总线（CB，control bus）是单片机控制片外 ROM、RAM 和 I/O 口读/写操作的一组控制线，主要包括读外部 RAM 的 $\overline{\text{RD}}$ 控制信号 P3.7、写外部 RAM 的 $\overline{\text{WR}}$ 控制信号 P3.6、外部 ROM 的读控制信号 $\overline{\text{PSEN}}$、程序区选择控制信号 $\overline{\text{EA}}$ 和低 8 位地址的锁存控制信号 ALE 等。

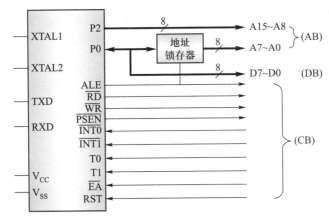

图 6.1　单片机三总线示意图

注：P0 口、P2 口在系统扩展中用作地址总线后，便不能再作为一般 I/O 口使用。

从图 6.1 中可以看出，数据总线是双向的，可以进行两个方向的数据传送；地址总线是单向的，只能由单片机向外发送信息，并且地址总线的数目决定了可直接访问的存储单元的数目；控制总线也是单向的，有单片机发出的，有单片机接收的。

对于 51 单片机资源扩展三总线的工作过程可以参考图 6.1。51 单片机的外部数据读写和外部程序读时序图分别如图 6.2 和图 6.3 所示。

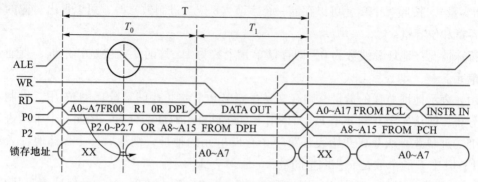

图 6.2 单片机外部数据读写时序图

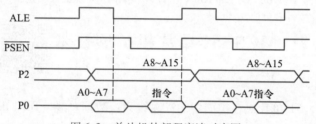

图 6.3 单片机外部程序读时序图

从图 6.2 中可以看出，完成一次总线（读写）操作周期为 T，P0 口分时复用，在 T_0 期间，P0 口送出低 8 位地址，在 ALE 的下降沿完成地址数据锁存 A0～A7，送出低 8 位地址信号。在 T_1 期间，P0 口作为数据总线使用，当 $\overline{WR}$（或 $\overline{RD}$）由低电平向高电平变化时，送出或读入有效数据 DATA OUT，数据的读写操作在读、写控制信号的低电平期间完成。

需要注意的是，在控制信号（读、写信号）有效期间，P2 口送出高 8 位地址 A8～A15 保持不变，配合数据锁存器输出的低 8 位地址，实现 16 位地址总线，即 64 KB 范围内的寻址。51 单片机访问内部数据区和外部数据区的指令是不同的，只有访问外部数据区时，才会发出 $\overline{WR}$ 和 $\overline{RD}$ 有效信号。

在程序里对于地址和指针可以这样操作，定义一个指针，赋给其数据（指向的地址），然后向这个地址单元赋给数据，如：

unsigned char xdata ∗Pram；

Pram ＝ 0x1234；

　∗Pram ＝ 0x78；

第一句：定义一个指向单片机之外的数据区 xdata（操作时会出现 $\overline{WR}$、$\overline{RD}$ 信号）的指针，名字为 Pram，指针所指的对象是无符号字符型 unsigned char（8 位）；

第二句：让这个指针指向 0x1234，即操作的对象所在的地址是 0x1234；

第三句：将这个对象赋给 0x78 数值。在这句运行时，单片机会按照写时序图发出相应的控制信号，P2 口为 0x12，P0 口先发 0x34；ALE 由高到低后，P2 口不变，P0 口变成 0x78；$\overline{WR}$ 信号由高到低，再由低到高，P0 口对外呈现高阻态，P2 口数据无效。这样一个完整的写过程结束。

从图 6.3 中，可以看到 ALE 和 $\overline{\text{PSEN}}$ 在读取外部 ROM 区指令时与 P0 口、P2 口关系的时序状态，显然，此时 $\overline{\text{WR}}$ 和 $\overline{\text{RD}}$ 应该都是无效状态（高电平）。

51 单片机访问内部程序区和外部程序区的指令是相同的，如何区分是内部还是外部区域，要结合 $\overline{\text{EA}}$ 引脚和程序指针大小判断，下面会详细分析。

$\overline{\text{EA}}$ 的作用是选择使用片内程序存储器还是片外程序存储器，相同的操作指令，对两者的选择则靠系统控制总线来实现。当 $\overline{\text{EA}}=0$ 时，选择片外程序存储器，即无论片内有无程序存储器，片外程序存储器的地址可从 0000H 开始进行编址。当 $\overline{\text{EA}}=1$ 时，选择片内程序存储器，若片内程序存储器容量为 4 KB，则其地址为 0x0000~0x0FFF，片外程序存储器地址只能从 0x1000~0x0FFF 编址。

（2）扩展能力

MCS-51 单片机的地址总线为 16 位，因此在片外可扩展的存储器最大容量为 64 KB，地址为 0x0000~0xFFFF。由于对片外数据存储器和程序存储器的访问使用不同的指令及控制信号，所以允许两者地址重合，符合哈佛结构；数据存储器和程序存储器不是独立的访问方式，在单片机系统中的结构为冯·诺伊曼结构（又称普林斯顿结构）。对于 8051 系列单片机来说，片外可扩展的程序存储器与数据存储器的最大容量均可以达到 64 KB。图 6.4 形象化地给出了存储器地址分布信息。

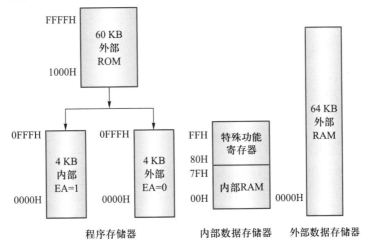

图 6.4　51 单片机内外存储器地址分布图

（3）扩展的实现

在单片机应用系统中，扩展的三总线上挂接很多负载，如存储器、并行接口、A/D 接口、显示接口等，但总线接口的负载能力有限，因此常常需要通过连接总线接口驱动器进行总线驱动。

总线接口驱动器对于单片机的 I/O 口只相当于增加了一个 TTL 负载，因此驱动器除了对后级电路驱动外，还能对负载的波动变化起隔离作用。

常用的总线接口驱动器有：译码驱动器 74LS138、74LS139、74HC154；缓冲驱动器 74LS244、74LS245；锁存驱动器 74LS373、74LS374、74LS573、74LS574 等。

6.3　总线接口常用芯片

（1）2线-4线译码器74LS139

74LS139为一种常用的地址译码器芯片，共有16个引脚。由图6.5可以看出74LS139具有两组2线-4线译码电路，$1\overline{G}$、1A、1B、$1\overline{Y0}\sim1\overline{Y3}$是一组，$2\overline{G}$、2A、2B、$2\overline{Y0}\sim2\overline{Y3}$是另一组。其中，$\overline{G}$为控制端。只有当$\overline{G}$端为0时，译码器才能进行译码输出，否则译码器的4个输出端全为高阻态。

2线-4线译码器输入端与输出端之间的译码关系见表6.1。

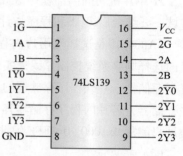

图6.5　74LS139引脚图

表6.1　74LS139的译码关系

输　入　端			输　出　端			
允　许	选　择					
$\overline{G}$	B	A	$\overline{Y3}$	$\overline{Y2}$	$\overline{Y1}$	$\overline{Y0}$
0	0	0	1	1	1	0
0	0	1	1	1	0	1
0	1	0	1	0	1	1
0	1	1	0	1	1	1
1	×	×	1	1	1	1

注：1表示高电平，0表示低电平，×表示任意。

（2）3线-8线译码器74LS138

74LS138为一种常用的地址译码器芯片，共有16个引脚，如图6.6所示。其中，G1、$\overline{G2A}$、$\overline{G2B}$为控制端。只有当$\overline{G2B}$为1、且G1、$\overline{G2A}$均为0时，译码器才能进行译码输出，否则译码器的8个输出端全为高阻态。

3线-8线译码器输入端与输出端之间的译码关系见表6.2。

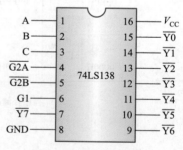

图6.6　74LS138引脚图

表6.2　74LS138的译码关系

CBA编码	000	001	010	011	100	101	110	111
输出有效位	$\overline{Y0}$	$\overline{Y1}$	$\overline{Y2}$	$\overline{Y3}$	$\overline{Y4}$	$\overline{Y5}$	$\overline{Y6}$	$\overline{Y7}$

（3）地址锁存器74LS373（374、573、574）

74LS373是常用的地址锁存器芯片，共有20个引脚，如图6.7所示。它实质是一个带三态缓冲输出的8D触发器，在单片机系统中为了扩展外部存储器，通常需要一块

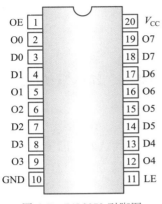

图 6.7　74LS373 引脚图

74LS373 芯片。

D0~D7 为三态门输入端；O0~O7 为三态门输出端；GND 为接地端；V_{CC} 为电源端；OE 为三态门使能端，当 OE＝0 时，三态门正常输出，当 OE＝1 时，三态门输出高阻态；LE 为 8 位锁存器的控制端，当 LE＝1 时，输出跟随输入（即锁存器透明），当 LE＝0 时，输出保持不变，即将 D0~D7 的状态存入 O0~O7。

74LS373 真值表见表 6.3，表中 1 为高电平，0 为低电平，Q_0 为原状态，Z 为高阻抗，×为任意值。

表 6.3　74LS373 的真值表

Dn	LE	OE	On
1	1	0	1
0	1	0	0
×	0	0	Q_0
×	×	1	Z

AT89S51 单片机 P0 口与 74LS373 的连接如图 6.8 所示。

（4）8 路双向数据缓冲器 74LS245

74LS245 是常用双向三态总线缓冲、驱动器，可双向传输数据，共有 20 个引脚，如图 6.9 所示。其中允许端$\overline{OE}$与方向端 DIR 共同控制 8 路 A1~A8 和 8 路 B1~B8 满足表 6.4 所示逻辑。

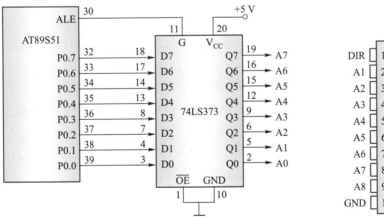

图 6.8　AT89S51 单片机 P0 口与 74LS373 的连接　　　　图 6.9　74LS245 引脚图

表 6.4　74LS245 真值表

$\overline{OE}$	DIR	操　　作
0	0	B 数据到 A
0	1	A 数据到 B
1	×	高阻

6.4 I/O 接口扩展

扩展 I/O 接口与扩展存储器一样，都属于系统扩展的内容。扩展的 I/O 接口作为单片机与外设交换信息的桥梁，应满足以下功能要求。

（1）实现和不同外设的速度匹配

多数外设速度慢，无法和 μs 级单片机相比。单片机只有在确认外设已为数据传送做好准备的前提下才会进行数据传送。要知道外设是否准备好，就需 I/O 接口电路与外设之间传送状态信息，以实现单片机与外设之间的速度匹配。

（2）输出数据锁存

与外设相比，单片机工作速度快，送出数据在总线上保留时间十分短暂，无法满足慢速外设的数据接收。所以在扩展的 I/O 接口电路中应有输出数据锁存器，以保证单片机输出数据能为慢速接收设备接收。

（3）输入数据三态缓冲

外设向单片机输入数据时，要经过数据总线，但数据总线上可能"挂"有多个数据源。为使传送数据时不发生冲突，只允许当前时刻正在接收数据的 I/O 接口使用数据总线，其余 I/O 接口应处于隔离状态，为此要求 I/O 接口电路能为输入数据提供三态输入缓冲功能。

① I/O 端口的编址。介绍 I/O 端口编址之前，首先弄清 I/O 接口（Interface）和 I/O 端口（Port）的概念。I/O 接口是单片机与外设间连接电路总称。I/O 端口（简称 I/O 口）是指 I/O 接口电路中具有单元地址的寄存器或缓冲器。一个 I/O 接口芯片可以有多个 I/O 端口，传送数据端口称数据口，传送命令端口称命令口，传送状态端口称状态口。当然，并不是所有外设都需这 3 种齐全的 I/O 端口。每个 I/O 接口中端口都要有地址，以便 AT89S51 进行端口访问，来和外设交换信息。常用 I/O 端口编址方式有两种，独立编址方式和统一编址方式。

● 独立编址：独立编址方式就是 I/O 端口地址空间和存储器地址空间分开编址。其优点是两个地址空间相互独立，界限分明。但需要设置一套专门的读写 I/O 端口的指令和控制信号。

● 统一编址：把 I/O 端口与数据存储器单元同等对待，即接口芯片中一个端口就相当于一个 RAM 单元。AT89S51 使用的就是 I/O 端口和外部数据存储器 RAM 统一编址方式，因此 AT89S51 外部数据存储器空间也包括 I/O 端口在内。统一编址方式的优点是不需要专门的 I/O 指令，直接使用访问数据存储器指令进行 I/O 读写操作，简单、方便。但需把外部数据存储器所占的单元地址与 I/O 端口所占地址划分清楚，避免发生数据冲突。

② I/O 数据的传送方式。为了实现和不同外设速度匹配，I/O 接口须根据不同外设选择恰当 I/O 数据传送方式。I/O 数据传送方式有：同步传送、异步传送和中断传送。

● 同步传送：又称无条件传送。当外设速度和单片机速度相比拟时，常采用本方式，最典型的同步传送就是单片机和外部数据存储器之间的数据传送。

● 异步传送：实质就是查询传送。单片机通过查询外设"准备好"后，再进行数据传送。优点是通用性好，硬件连线和查询程序十分简单，但由于程序在运行中经常查询外设是否"准备好"，因此工作效率不高。

● 中断传送：为提高单片机对外设的工作效率，常采用中断传送方式，即利用 AT89S51 本身的中断功能和 I/O 接口芯片的中断功能来实现数据传送。单片机只有在外设准备好后，才中断主程序执行，从而执行与外设进行数据传送的中断服务子程序。中断服务完成后又返回主程序断点处继续执行。中断方式可大大提高单片机的工作效率。

6.5　外部数据存储器（RAM）的并行扩展

AT89S51 片内有 128B RAM，如不能满足需要，须扩展外部数据存储器。在单片机系统中，外扩的数据存储器都采用静态数据存储器 SRAM。

AT89S51 对外部数据存储器访问，由 P2 口提供高 8 位地址，P0 口分时提供低 8 位地址和 8 位双向数据总线。片外数据存储器 RAM 的读和写由 AT89S51 的 $\overline{RD}$（P3.7）和 $\overline{WR}$（P3.6）信号控制，而片外程序存储器 EPROM 的输出端允许（$\overline{OE}$）由 AT89S51 单片机的读选通信号 $\overline{PSEN}$ 控制。尽管与 EPROM 地址空间范围都相同，但由于是两个不同空间，控制信号不同，故不会发生数据冲突。

（1）常用的静态 RAM（SRAM）芯片

单片机系统中常用 RAM 典型芯片有 6116（2 KB）、6264（8 KB）、62128（16 KB）、62256（32 KB），都是单一+5 V 电源供电，双列直插，6116 为 24 引脚，6264、62128、62256 为 28 引脚。常用 RAM 芯片引脚如图 6.10 所示，各引脚功能如下：

● A0～A14——地址总线；

● D0～D7——双向三态数据总线；

● $\overline{CE}$——片选信号输入线，低电平有效；对于 6264 芯片，当 24 脚（CS）为高电平且 $\overline{CE}$ 为低电平时才选中该片；

● $\overline{OE}$——读选通信号输入线，低电平有效；

● $\overline{WE}$——写允许信号输入线，低电平有效；

● V_{CC}——工作电源为+5 V；

● GND——地。

6116、6264、62256 芯片有读出、写入、维持 3 种工作方式，见表 6.5。

表 6.5　6116、6264、62256 芯片 3 种工作方式的控制

工作方式信号	$\overline{CE}$	$\overline{OE}$	$\overline{WE}$	D0～D7
读出	0	0	1	数据输出
写入	0	1	0	数据输入
维持	1	×	×	高阻态

注：对于 CMOS 的静态 RAM，$\overline{CE}$ 为高电平，电路处于低功耗状态。此时，V_{CC} 电压可降至 3 V 左右，内部所存储信息也不会丢失。

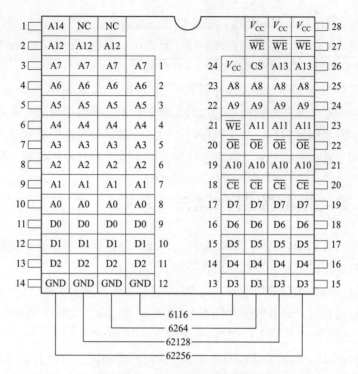

图 6.10 常用 RAM 芯片引脚

（2）并行扩展 RAM 的扩展接口

访问外扩数据存储器，要由 P2 口提供高 8 位地址，P0 口提供低 8 位地址和 8 位双向数据总线。AT89S51 对片外 RAM 的读和写由 $\overline{RD}$ 和 $\overline{WR}$ 信号控制，片选端 $\overline{CE}$ 由地址译码器译码输出控制。因此，接口设计主要解决地址分配、数据总线和控制总线的连接。如读/写速度要求较高，还要考虑单片机与 RAM 的读/写速度匹配问题。

图 6.11 为线选法扩展外部 RAM 的电路图。RAM 选用 6264 芯片，地址总线为 A0~A12，故 AT89S51 剩余地址总线为 3 条。用线选法可扩展 3 片 6264 芯片，3 片 6264 芯片对应的存储空间表见表 6.6。

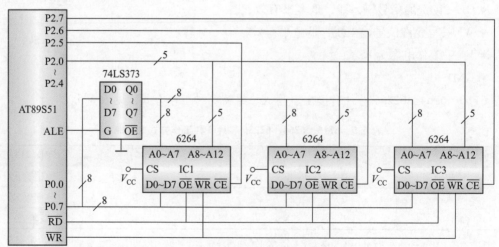

图 6.11 线选法扩展外部 RAM 的电路图

表6.6 3片6264芯片对应的存储空间表

P2.7	P2.6	P2.5	选中芯片	地址范围	存储容量
1	1	0	IC1	C000H~DFFFH	8 KB
1	0	1	IC2	A000H~BFFFH	8 KB
0	1	1	IC3	6000H~7FFFH	8 KB

用译码法扩展外部 RAM 的电路图如图 6.12 所示。图中 RAM 选用 62128，该芯片地址总线为 A0~A13，这样，AT89S51 剩余地址总线为两条，采用 2 线-4 线译码器可扩展 4 片 62128。各 62128 芯片的地址空间分配见表 6.7。

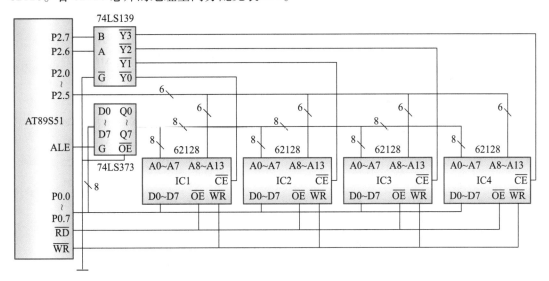

图 6.12 译码法扩展外部 RAM 的电路图

表6.7 各62128芯片的地址空间分配

2线-4线译码器输入		2线-4线译码器	选中芯片	地址范围	存储容量
P2.7	P2.6	有效输出			
0	0	$\overline{Y0}$	IC1	0000H~3FFFH	16 KB
0	1	$\overline{Y1}$	IC2	4000H~7FFFH	16 KB
1	0	$\overline{Y2}$	IC3	8000H~BFFFH	16 KB
1	1	$\overline{Y3}$	IC4	C000H~FFFFH	16 KB

6.6 程序存储器（ROM）的并行扩展

1. 扩展芯片

扩展并行接口程序存储器（ROM），使用较多的是 27 系列产品。例如，2764（8 KB）、27128（16 KB）、27256（32 KB）、27512（64 KB），型号名称"27"后面的数字表示其位的存储容量。如果换算成字节容量，只需将该数字除以 8 即可。例如，"27128"中的"27"后面的数字为"128"，128÷8＝16 KB。27 系列 EPROM 芯片引脚如图 6.13 所示，各引脚功能如下。

- A0 ~ A15—地址总线引脚。它的数目由芯片的存储容量决定，用于进行单元选择。
- D0 ~ D7—数据总线引脚。
- $\overline{CE}$—片选控制端。
- $\overline{OE}$—输出允许控制端。
- PGM—编程时，编程脉冲的输入端。
- V_{PP}—编程时，编程电压（+12 V 或 +25 V）输入端。
- V_{CC}—+5 V，芯片的工作电压。
- GND—数字地。
- NC—无用端。

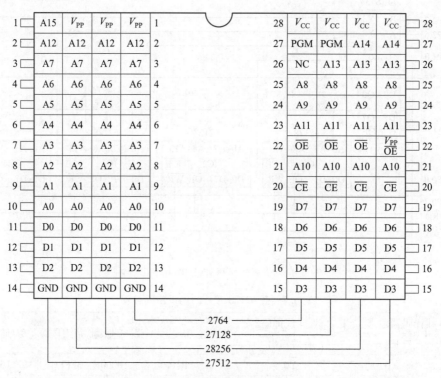

图 6.13 27 系列 EPROM 芯片引脚

EPROM 芯片一般有 5 种工作方式，由 $\overline{CE}$、$\overline{OE}$、PGM 各信号状态组合确定。5 种工作方式见表 6.8。

表 6.8 EPROM 芯片的工作方式

方 式	引 脚			
	$\overline{CE}$/PGM	$\overline{OE}$	V_{PP}	D0 ~ D7
读出	低	低	+5 V	程序读出
未选中	高	×	+5 V	高阻
编程	正脉冲	高	+25 V（或 +12 V）	程序写入
程序校验	低	低	+25 V（或 +12 V）	程序读出
编程禁止	低	高	+25 V（或 +12 V）	高阻

① 读出方式。片选控制线 $\overline{CE}$ 和 $\overline{OE}$ 为低，V_{PP} 为 +5 V，就可将 EPROM 中的指定地址单元的内容从数据引脚 D0~D7 上读出。

② 未选中方式。$\overline{CE}$ 此时为高，数据输出为高阻悬浮状态，不占用数据总线。EPROM 处于低功耗的维持状态。

③ 编程方式。在 V_{PP} 端加上规定高压，$\overline{CE}$ 和 $\overline{OE}$ 端加上合适电平（不同芯片要求不同），就能将数据写入指定的地址单元。此时，编程地址和编程数据分别由单片机的 A0~A15 和 D0~D7 提供。

④ 编程校验方式。在 V_{PP} 端保持相应的编程电压（高压），再按读出方式操作，读出编程固化好的内容，以校验写入内容是否正确。

⑤ 编程禁止方式。编程禁止方式输出呈高阻状态，不写入程序。

2. AT89S51 扩展 EPROM 的接口设计

（1）访问程序存储器的控制信号

AT89S51 访问片外程序存储器时，控制信号有以下 3 个。

① ALE—用于低 8 位地址锁存控制。

② PSEN—片外程序存储器"读选通"控制信号。它接外扩 EPROM 的 $\overline{OE}$ 脚。

③ $\overline{EA}$—片内、片外程序存储器访问的控制信号。当 $\overline{EA}$ = 1 时，在单片机发出地址小于片内程序存储器最大地址时，访问片内程序存储器；当 $\overline{EA}$ = 0 时，只访问片外程序存储器。

如果指令是从片外 EPROM 中读取的，除了 ALE 用于低 8 位地址锁存信号之外，控制信号还有 $\overline{PSEN}$，$\overline{PSEN}$ 接外扩 EPROM 的 $\overline{OE}$ 脚。此外，还要用 P0 口分时作低 8 位地址总线和数据总线，P2 口作高 8 位地址总线。

由于目前各种单片机片内都集成了不同容量的 Flash ROM，扩展外部程序存储器的工作可省略。但是作为外部程序存储器的并行扩展基本方法，读者还是需要了解。

（2）AT89S51 单片机与单片 EPROM 的硬件接口电路

由于外扩的 EPROM 在正常使用中只读不写，故 EPROM 芯片没有写入控制引脚，只有读出控制引脚 $\overline{PSEN}$，该引脚与 AT89S51 相连，地址总线、数据总线分别与 AT89S51 的地址总线、数据总线相连，可采用线选法或译码法对片选端进行控制。下面仅介绍 27128 芯片与 AT89S51 单片机的接口。至于更大容量的 27256、27512 与单片机连接，差别只是与 AT89S51 连接的地址总线数目不同。

图 6.14 为 AT89S51 外扩 16 KB 的 EPROM 27128 的接口电路，与地址无关的电路部分未画出。由于只扩展一片 EPROM，片选端 $\overline{CE}$ 可直接接地，也可接到某一高位地址总线上（A15 或 A14）进行线选控制。当然也可采用译码器法，$\overline{CE}$ 接到某一地址译码器的输出端。

（3）扩展多片 EPROM 的接口电路

扩展多片 EPROM 除片选端需区分外，其他均与单片扩展电路相同。图 6.15 为单片机扩展 4 片 EPROM 27128（共 64 KB）的接口电路。片选控制信号 $\overline{CE}$ 由译码器产生。4 片 27128 各自所占的地址空间，读者自己分析。

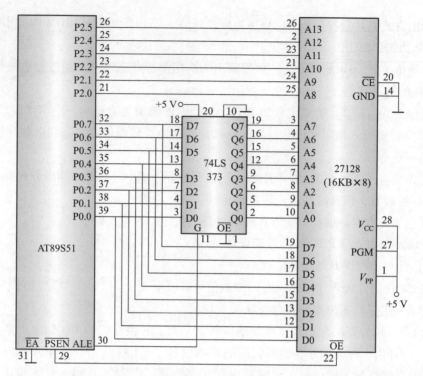

图 6.14 AT89S51 外扩 16 KB 的 EPROM 27128 的接口电路

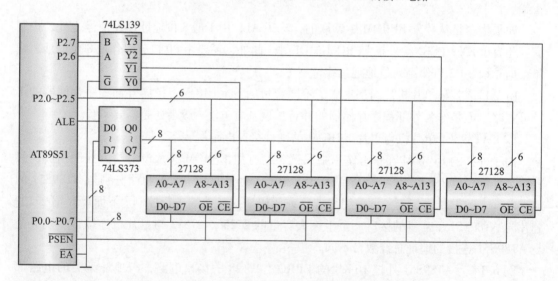

图 6.15 AT89S51 单片机与 4 片 EPROM 27128 的接口电路

📎 教学案例：

1. EEPROM 读写实验
2. EEPROM_example
3. 8155
4. EXP_AD
5. EXP_8155
6. EXP_8155_URAT

6.7 典 型 电 路

89C51 共有四组 I/O 口，在一些场合中可能会出现 I/O 口不够用的情况，在这种情况下需要对 I/O 口进行扩展，以达到增加 I/O 口，满足实际需要的目的。

51 单片机里的地址总线是 P2 口+P0 口组成，利用地址总线和

数据总线可以对外部数据 0x0~0xFFFF 区域进行读写操作，如图 6.16 所示，由单片机 P2
口驱动 74LS138 做外部存储空间的地址选择，控制 A11~A15 的信号可以对应外部存储空
间地址 0x400~0x7FFF。若将该引脚连接到芯片的使能端上，则可以驱动相应芯片工作
与否。

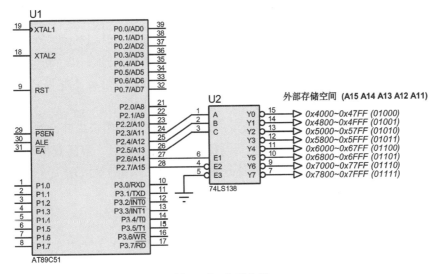

图 6.16　典型电路

　　图 6.17 是单片机扩展 I/O 口的常用电路。图中将单片机的 P0 口分别通过 U3 和 U5 两
片 74LS373（三态输出 8 位锁存器）作扩展输出，实现扩展需要。74LS138（3 线-8 线译
码器）和 74LS04（非门）组成控制电路，来控制 8 位一体数码管显示。

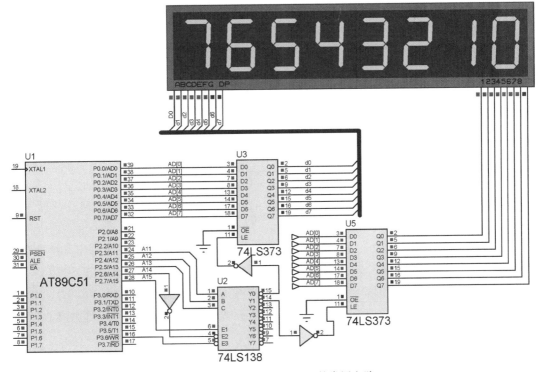

图 6.17　单片机扩展 I/O 口的常用电路

在 51 单片机中，P2 口除普通输入/输出功能外，还具备高 8 位地址功能；P0 口除普通输入/输出功能外，还具备低 8 位地址和数据复用功能。而在扩展电路的程序编制中，需要用到指针操作，指针与地址是等同的概念，即可以定义一个指针变量，对这个指针赋地址，在向这个地址读写数据时，实际上是 P2 口和 P0 口根据操作时序分别承担地址信息和数据信息的传递。

但对于图 6.17，两个 74LS373 芯片的使能信号分别接在 74LS138 的 Y0 和 Y1 上，数据从单片机 P0 口可输出到两个 74LS373 的输入端，高 8 位地址从 P2 口连接到 74LS138 上，低 8 位地址没有使能（ALE 信号没有连接）。显然，74LS373 能不能将 P0 口的数据传输到输出端口驱动 LED 灯，完全看其 11 号使能引脚。

定义芯片的口地址：使该芯片使能有效的 P2 口与 P0 口的组合指针，如图 6.17 中 U3 的口地址对应的 P2 口是 1100 0xxx，P0 口则随意，为方便计算，将随意值全部取零，则 U3 的口地址为 0xC000；同理 U5 的口地址是 0xC800。对于口地址处理，可以采用指针方式，参考程序如下。

```
unsigned char xdata *led0;          //定义两个指针
unsigned char xdata *led1;
led0 = 0xC000;                       //给指针赋值
led1 = 0xC800;
*led0 = 0xFF;                        //向 P2 = 0xC0,P0 = 0x00 为地址的,送数据 0xFF
*led1 = 0xFF;                        //向 P2 = 0xC8,P0 = 0x00 为地址的,送数据 0xFF
```

等价于：

```
unsigned char xdata *led0 = 0xc000;    //定义两个指针,并给指针赋值
unsigned char xdata *led1 = 0xc800;
*led0 = 0xFF;
*led1 = 0xFF;
```

说明：语句 unsigned char xdata *led0 的含义是定义一个指针名字为 led0，该指针指向单片机之外的区域（xdata），指向的对象是 uchar 类型，即操作的对象类型是无符号字符型。如果在电路中需要扩展的接口是双向传输数据的，即数据总线是双向的，其驱动器也要选用双向的，如 74LS245。74LS245 也是三态的，有一个方向控制端 DIR。当 DIR = 1 时输出（An→Bn），当 DIR = 0 时输入（An←Bn）。系统总线中地址总线是单向的，因此驱动器可以选用单向的，如 74LS244，还带有三态控制，能实现总线缓冲和隔离。

图 6.18 为简单 I/O 接口扩展，将单片机的 P0 口通过 74HC245（三态输出八缓冲器及总线驱动器）作扩展输入，74HC373（8 位锁存器）作扩展输出，实现扩展需要。当 P2.0 = 0、$\overline{WR}$ = 1、$\overline{RD}$ = 0 时，通过 74HC245 读入按键状态，当 P2.0 = 0、$\overline{WR}$ = 0、$\overline{RD}$ = 1 时，通过 74HC373 根据按键状态驱动发光二极管发光。这样 P0 口既可从键盘接收信息，也可控制发光二极管。

74HC245、74HC373 的操作地址（口地址）均可以设为 0xFEFF 或 0x0000，但要保证 P2.0 为低电平。

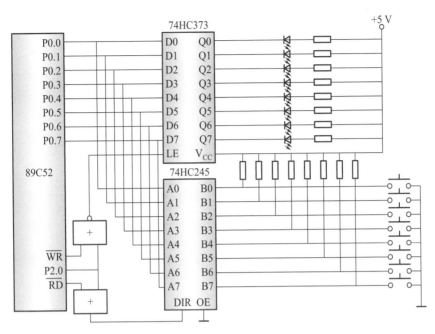

图 6.18 简单 I/O 接口扩展

C 语言程序清单如下：

#include <reg52. h>

void   main( )

{

unsigned   char   data   tmp1，tmp2=0；

unsigned   char xdata   *pt1；

pt1=0xFEFF；   //给指针赋地址值 0xFEFF，指向 74HC245 和 74HC373 使能端，需 $\overline{RD}$、$\overline{WR}$

while(1)

{ tmp1 = *pt1；   //从 74HC245 读入键盘数据

  if（tmp1！=tmp2）   //判断输入改变时

    { *pt1 =tmp1；   //从 74HC573 输出 LED 显示数据

        tmp2=tmp1；

  }   }

}

图 6.19 是单片机外扩 RAM 和 ROM 的典型电路，图中 2764 是 8 KB 容量的 EPROM，6264 是 8 KB 容量的静态 RAM。

数据总线：2764 和 6264 的数据引脚 D0~D7 直接和单片机的 P0 口相连；

地址总线：2764 和 6264 的地址信息均和单片机的 P0 口、P2.0~P2.4 有关，但引脚 A0~A12 中，低 8 位（A0~A7）是通过锁存器 74LS373 连到 P0 口，高 5 位直接连 P2.0~P2.4；

控制总线：6264 的输出允许$\overline{OE}$、写使能$\overline{WE}$线与单片机的$\overline{RD}$、$\overline{WR}$相连，片选 CE2 固定，$\overline{CE1}$通过 3 线-8 线译码器受 P2.5~P2.7 控制。2764 是只读芯片，由于它装载的是单

片机的程序，在图中只有一片程序片，因此其片选信号必须始终有效，其读信号则为单片机的$\overline{\text{PSEN}}$。

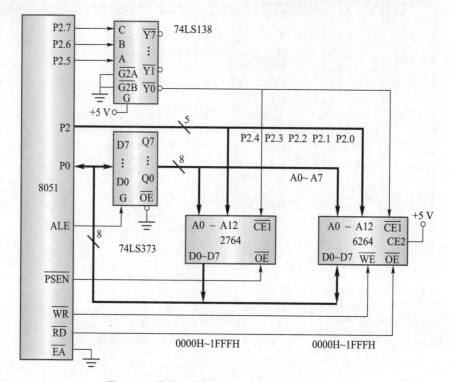

图 6.19　单片机外扩 RAM 和 ROM 的典型电路

6.8　应用案例

6.8.1　RAM 数据读写

（1）功能描述

本案例实现的功能是扩展单片机片外 RAM，并在片外 RAM 指定的区域写进数据，通过仿真观察写进的数据情况。随机存取存储器（RAM：random access memory），也称为主存，是与 CPU 直接交换数据的内部存储器。它可以随时读写（刷新时除外），而且速度很快，通常作为操作系统或其他正在运行中的程序的临时数据存储介质。RAM 工作时可以随时从任何一个指定的地址写入（存入）或读出（取出）信息。它与 ROM 的最大区别是数据的易失性，即一旦断电所存储的数据将随之丢失。RAM 在计算机和数字系统中用来暂时存储程序、数据和中间结果。存储器是数字系统中用以存储大量信息的设备或部件，是计算机和数字设备中的重要组成部分。

通过本案例的实施，掌握片外扩展技术以及 RAM 的基本概念。

（2）仿真电路

本电路主要包括单片机、74LS373、74LS138 以及存储芯片 6264，RAM 数据读写仿真电路如图 6.20 所示。

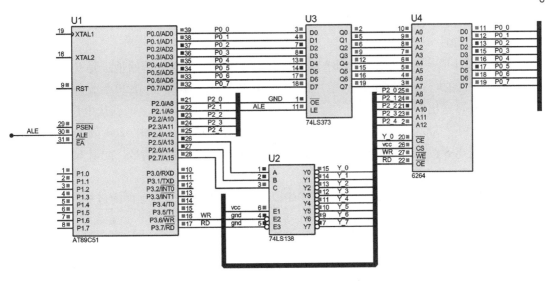

图 6.20   RAM 数据读写仿真电路

（3）实现思路

当电源关闭时，RAM 不能保留数据。如果需要保存数据，就必须把它们写入一个长期的存储设备中（例如硬盘）。RAM 的工作特点是通电后，随时可在任意位置单元存取数据信息，断电后内部信息也随之消失。正如其他精细的集成电路，随机存取存储器对环境的静电荷非常敏感。静电会干扰存储器内电容器的电荷，引致数据流失，甚至烧坏电路。故此，触碰随机存取存储器前，应先用手触摸金属接地。

（4）程序分析

在程序中需要定义一个指向片外的地址 $*$ RAM_P，指向片外 RAM，通过 $*$ RAM_P = i 指令可以将数据 i 写入 $*$ RAM_P 指向的地址。程序通过 for 循环语句，将数据 0~255 写入片外 RAM 0x0120 起始的区域内。

```
1     #include<reg51. h>
2     void main( )
3     {
4     unsigned char xdata  *  RAM_P = 0x0120;
5     unsigned char i;
6     for( i = 01; i<256; i++)
7         {
8          *  RAM_P = i;
9         RAM_P++;
10        }
11    while(1);
12    }
```

程序中：

第 4 行定义了一个指向单片机外部（xdata）的指针（ $*$ ），名字叫 RAM_P，所指的对象是无符号字符（unsigned char）类型，即读写的内容是 8 位无符号的数，给这个指针赋初值为 0x0120；

第 8 行将 i 值（0~255）送到 RAM_P 所指的单元中，即送到起始地址是 0x0120 单元区域中；在开始执行这条语句时，单片机从 P2 口送 0x01、P0 口送 0x20 后，发出 ALE 信号，使得 P0 口送出的低 8 位地址信号被 74LS373 锁在输出口 Qn 上面，从电路图上看到 P2 口的高三位（000）使得 74LS138 输出 Y0 有效（低电平），选中 6264 的片选（$\overline{\text{CE}}$）；然后 P0 口送出 8 位无符号数据 i 到 6264 的数据端口 Dn，使能写信号，此时 6264 的相应地址单元被写入数据 i；

第 9 行指针 RAM_P 加 1，由原来的 0x0120 变成 0x0121，重复上面的过程；

在满足写 255 个地址（i=01；i<256）后结束。

（5）调试与说明

仿真调试结果如图 6.21 所示，U4 是 6264 芯片，图中深色背景数字表示发生变化的数字，浅色背景数字符号表示没有变化。

图 6.21 仿真调试结果

（6）思考

若分别将程序中的 xdata 换成 data，*RAM_P=i 换成 RAM_P=i，试试看会出现什么情况？并说明原因。

6.8.2 扩展数码管

（1）功能描述

使用 74LS373 和 74LS138 芯片扩展单片机的端口，连接 8 位一体数码管，显示指定的内容"76543210"。通过本案例进一步掌握片外扩展技术和数码管动态显示原理。

（2）仿真电路

本电路主要由单片机、两片 74LS373 和一片 74LS138 以及反相器组成。通过 74LS373 和 74LS138 扩展单片机的 P0 口，分别控制 8 位一体数码管的段和位控制信号。使用的 8 位一体数码管为共阴极数码管，在建立仿真图时要注意器件不要选错，其仿真电路如图 6.22 所示。

（3）实现思路

在程序设计时需要考虑对 74LS373 的操作，就要找到 74LS373 的操作地址，也就是口地址。在电路中有两个 74LS373，需要对电路进行分析，找到两个 74LS373 的口地址。对于控制段信号的 74LS373，为了使得 P0 口的数据能够通过 74LS373 到达数码管的段，LE

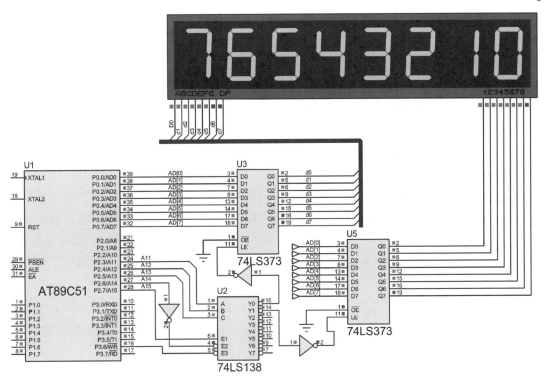

图 6.22　扩展数码管案例仿真电路

控制信号必须为高电平，而 LE 控制信号是由 74LS138 的 Y0 口反相提供，因此要求 74LS138 的 Y0 口输出低电平，即要求 74LS138 正常工作，且地址端信号 CBA 输入为 000。通过分析可以得知，单片机 P2 口的数据必须为 11000xxx，如果 x 选取 0，则 P2 口的数据必须为 0xC0，由于此时与 P0 口的数据没有关系，因此 P0 口也可以为 0x00，最后综合可得 74LS373 的口地址为 0xC000。同理可以分析控制位信号的 74LS373 的口地址为 0xC800。

（4）程序分析

程序由三个函数构成：延时函数 delay( )、显示函数 displa( ) 和主函数 main( )。显示函数 displa( ) 使用了延时函数 delay( ) 完成 8 位一体数码管的动态显示功能；主函数 main( ) 则完成数据到显示段码的转换，并调用显示函数。

在程序中将需要显示的数据"76543210"对应的段码保存在数组 led[8] 中。为了访问两个 74LS373，需要定义两个指向片外的指针 ∗Led_D 和 ∗Led_W，并赋初值 0xC000 和 0xC800。在主程序中调用动态显示程序即可。扩展数码管参考程序如下：

```
1    #include<reg52. h>
2    #define uchar unsigned char
3    uchar xdata  ∗Led_D＝0xC000;   uchar xdata  ∗Led_W＝0xC800;
4    code uchar   display[ ]＝{0x3F, 0x06, 0x5B, 0x4F, 0x66, 0x6D, 0x7D, 0x07,0x7F,
     0x6F,0x0};
5    code uchar   Tab[ ]＝{0x7F,0xBF,0xDF,0xEF,0xF7,0xFB,0xFD,0xFE};
```

```
6      uchar led[8];    //数组长度要给出
7
8      void delay()
9      {   uchar i;      for(i=0;i<100;i++);}
10
11     void displa()
12     {   int i;
13         for(i=0;i<8;i++)
14           {
15           *Led_D=0;   *Led_W=Tab[i];   *Led_D=led[i];
16           delay();
17           }
18     }
19
20     void main()
21     {
22       led[0]=display [0]; led[1]=display [1];
23       led[2]=display [2]; led[3]=display [3];
24       led[4]=display [4]; led[5]=display [5];
25       led[6]=display [6]; led[7]=display [7];
26       while(1){            display();           }
27     }
```

程序中：

第 3 行定义了两个指向单片机外部区域的数据指针，并赋初值，这两个初值是使两个 74LS373 的 11 脚有效时，P2 口+P0 口的数据，有时也称口地址；

第 15 行是将数据送到两个 74LS373 的输出端，并锁存在输出端口；

第 26 行是无线循环调用显示函数，因为没有使用定时器去动态显示，可能会造成显示效果不太好，实物会出现第一个数码管（或最后一个数码管）特别亮，但本程序由于没有其他的事要处理，所以问题不大。

（5）调试与说明

调试效果如图 6.22 所示。图中 74LS373 的使能引脚 LE（11 脚）接**非门**电路到 74LS138，是因为 74LS138 输出的有效信号是低电平，但 74LS373 的 LE 需要高电平才能将数据传到输出端，需要逻辑反向。

（6）思考

在本案例中，如果要求数码管显示的内容不断刷新，该如何实现？在程序里若将延时程序用定时器完成，程序需要做哪些调整？

习 题

6.1　判断题

（1）单片机系统扩展时使用的锁存器，是用于锁存高 8 位地址。

（2）对于 8051 单片机，当 CPU 对内部程序存储器寻址超过 4K 时，系统会自动在外部程序存储器中寻址。

（3）CPU 对内部 RAM 和外部 RAM 的读写速度一样快。

（4）MCS-51 单片机的程序存储器是可以用来存放数据的。

（5）若不使用 MCS-51 单片机片内 ROM 引脚，EA 必须接地。

（6）$\overline{RD}$ 和 $\overline{WR}$ 信号在访问片外 ROM 时才有效。

（7）8051 单片机必须使用内部 ROM。

（8）当 $\overline{EA}$ 脚接高电平时，ROM 的读操作只访问片外程序存储器。

（9）51 单片机中用来构建系统的数据总线和地址总线的 I/O 口是 P3 口。

（10）单片机的三总线是指高 8 位地址总线、低 8 位地址总线和数据总线。

6.2　选择题

（1）访问外部数据存储器时，不起作用的信号是（　　）。

A. $\overline{RD}$　　　　　B. $\overline{WR}$　　　　　C. $\overline{PSEN}$　　　　　D. ALE

（2）单片机引脚 $\overline{EA}$ 高电平表示（　　）。

A. 片内没有 ROM　　　　　　　　B. 片内有 ROM，但从片外 ROM 开始运行

C. 片内有 ROM　　　　　　　　　D. 先从片内 ROM 运行，运行完后自动转向片外运行

（3）一个 EPROM 的地址有 13 根地址总线，它的容量为（　　）字节。

A. 2K　　　　　B. 4K　　　　　C. 8K　　　　　D. 16K

（4）当使用 8031 单片机时，不需要扩展外部程序存储器，$\overline{EA}$ 电平状态应为（　　）。

A. 0　　　　　B. 1　　　　　C. 悬空　　　　　D. 不确定

（5）单片机 8051 的 $\overline{PSEN}$ 引脚是（　　）引脚。

A. 外接定时器　　B. 外接串口　　C. 外接中断　　D. 外部 ROM 的读选通

6.3　已知单片机有 11 根地址总线和 8 根数据总线，请问存储单元有多少个？可以存放多少字节的信息？多少位信息？如存储单元编号用十六进制表示，从 0x00 开始编号，最大是多少？

6.4　已知某 51 单片机系统中存储芯片内部容量是 8 kb 和 8 kB，请问应该有多少根地址总线与其匹配。

6.5　试读下列程序，找出程序中的错误之处，并纠正。

```
#include<reg51. h>
#define uint unsigned int;
#define uchar unsigned char;
uchar xdata * z_1 = 0xC800;
uchar xdata * d_1 = 0xC000;
```

```
code uchar   display_code[ ] = {0x3F,0x66,0x4F,0x6D,0x66, 0x06, 0x06, 0x7D};
code uchar   Tab[ ] = {0xFE,0xFD,0xFB,0xF7,0xEF,0xDF,0xBF,0x7F};
void main( )
{       IE = 0x82;TMOD = 0x02;
        TF0 = 0;TR0 = 1;
        TH0 = 0x0C;TL0 = 0xCC;
        while(1)
    }


void timer( ) interrupt 1
{       * z_1 = 0;
        * d_1 = Tab[ x];
     * z_1 = display_code[ x];
  if( ++x == 8) x = 0;
}
```

6.6　找出下列程序中的5处错误，并纠正。

```
#include<reg52. h>
#define uchar unsigned char
uchar xdata  * Led_D = 0xC000, * Led_W = 0xC800;
code uchar   display[10] = {0x3F, 0x06, 0x5B, 0x4F, 0x66, 0x6D, 0x7D, 0x07,0x7F,
0x6F,0x0};
code uchar   Tab[ ] = {0x7F,0xBF,0xDF,0xEF,0xF7,0xFB,0xFD,0xFE};
uchar led[ ];
void delay( )
{   uchar i;for(i = 0;i<100;i++);}
char displa( )
{
for(i = 0;i<8;i++)
{ * Led_D = 0;   * Led_W = Tab[i];   * Led_D = led[i];   delay( );       }
}
void main( )
{       for(j = 0;j<8;j++) led[j] = display [j];
 while(1){          displa( );          }
}
```

6.7　试读下列程序，找出程序中的错误之处，并纠正。

```
#include<Reg51. h>
Code unsigned char b[4] = {0x6000,0x7800,0x5000,0x4000};
char delay05s(void)
```

```
    unsigned char i,j,k;
    for(i=5;i>0;i--)    for(j=200;j>0;j--)      for(k=250;k>0;k--);
}


void main(void)
{   unsigned char xdata *ledad;
    unsigned char led,i,j=0;
    while(1)
{   ledad=b[j];
    led=0x01;
    for(i=0;i<8;i++)
    {   *ledad=~led;
        delay05s();
    led<<1;
    }
if(j>3)      j=0;
    *ledad=0xFF;
    }
}
```

6.8　说明 74LS373 与 74LS138 的逻辑功能，根据习题 6.8 电路图，编程实现位控制和并口控制方式彩灯循环显示程序。

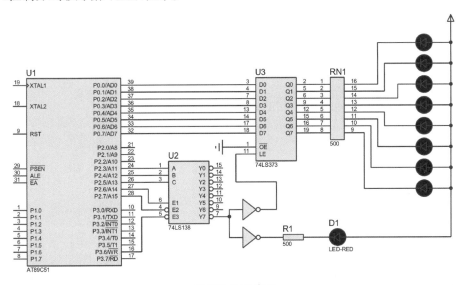

习题 6.8 电路图

6.9　根据习题 6.9 电路图读程序，请回答：（1）本程序所实现的功能；（2）画出动态显示的程序流程图；（3）根据元件连线图写出两个指针的地址。

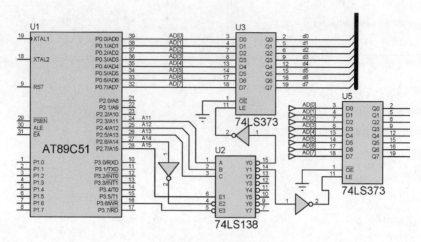

习题 6.9 电路图

```
#include<reg51.h>
#define uchar unsigned char
uchar xdata *Led_D;    uchar xdata *Led_W;    uchar led[8];
code uchar display_code[] = {0x3F,0x06,0x5B,0x4F,0x66,0x6D,0x7D,0x07,0x7F,
0x6F,0x40,0x48};
code uchar Tab[] = {0x7F,0xBF,0xDF,0xEF,0xF7,0xFB,0xFD,0xFE};
void delay()
{    uchar i;for(i=0;i<100;i++);
}
void main()
{    int i;
 while(1)
    {  for(i=0;i<8;i++)
{    *Led_D=0;  *Led_W=Tab[i];
 *Led_D=led[i];
 delay();
      }
*Led_D=0;
} }
```

6.10　根据习题 6.10 电路图，编程实现 32 只灯流水显示程序。

6.11　根据习题 6.11 电路图，编程实现键值显示程序。

6.12　如题 6.12 电路图所示，补全电路的连线并编制相关程序，实现对 6264 单元地址从 0x1000 开始的 10 个单元写入 0x10~0x19 数据。

6.13　如习题 6.13 电路图所示，完成动态数码管显示 "20180105"。

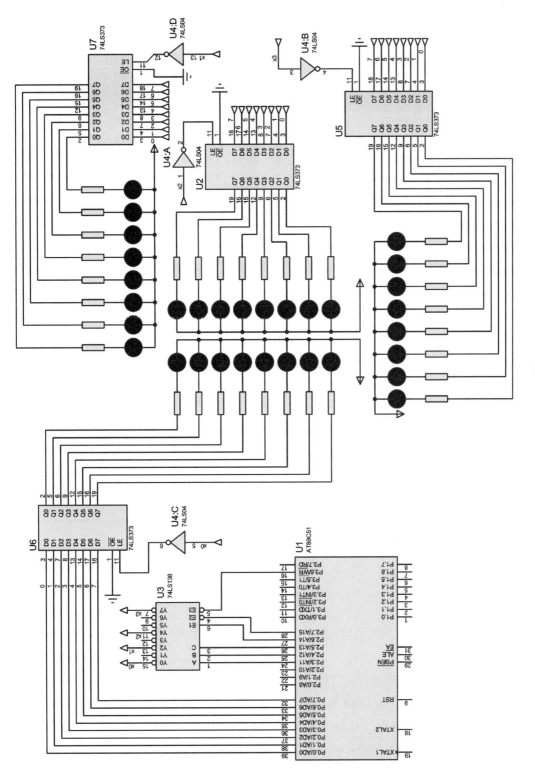

习题 6.10 电路图

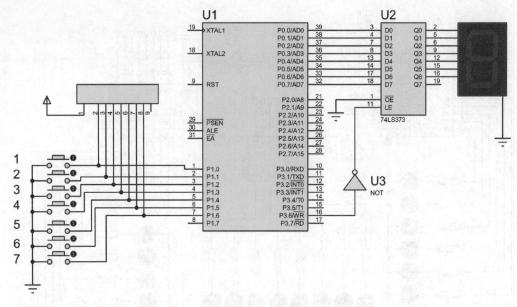

习题 6.11 电路图

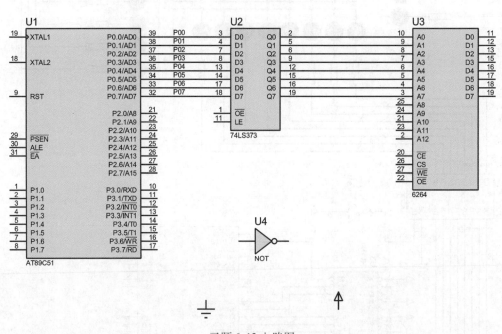

习题 6.12 电路图

6.14 某人欲自制一个采用 51 单片机 P0 口、P2 口、P3 口控制的圣诞节彩灯，现有 32 只 LED 灯和芯片 74LS373，74LS138，74LS04 及电阻等若干器件（最小系统默认），请根据习题 6.14 电路图，完成 74LS373 的输入及使能连线（用网络标号），写出 4 个 74LS373 的口地址，并编写 32 只 LED 灯流水显示（从上到下循环）的程序。

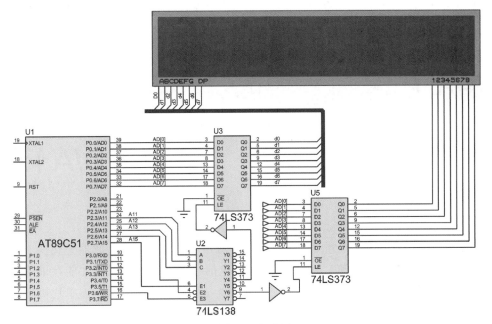

习题 6.13 电路图

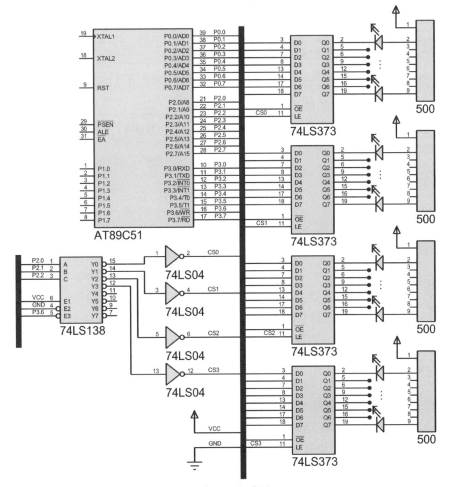

习题 6.14 电路图

单元 7

A/D 与 D/A 转换

在智能测控系统中，非电量如温度、压力、流量、速度等，经传感器先转换成连续变化的模拟电信号（电压或电流），然后再将模拟电信号转换成数字量后才能在单片机中进行数据处理。实现模拟量转换成数字量的器件称为 ADC（A/D 转换器）；单片机处理完毕的数字量，有时根据控制要求需要转换为模拟信号输出，去控制相应的执行设备，数字量转换成模拟量的器件称为 DAC（D/A 转换器）。本单元从应用的角度，介绍典型的 ADC、DAC 芯片与 MCS-51 单片机的硬件接口设计以及接口驱动程序设计。

重点：模数转换的概念与方法；
难点：模数的参数设置。

在控制系统中，A/D 转换器、D/A 转换器与单片机的数据流关系（控制）呈现一个测控闭环关系，如图 7.1 所示。

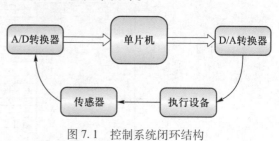

图 7.1　控制系统闭环结构

7.1　A/D 转换

7.1.1　A/D 转换概念

微课：
模数转换

教学课件：
模数信号转换

A/D 转换器（Analog-to-Digital Converter）又称模数转换器，即是将模拟信号（电压或是电流的形式）转换成数字信号，其可让仪表、计算机外设接口或微处理机操作、使用，A/D 转换常用 ADC 表示。

与 A/D 转换相关的几个重要概念：

（1）解析度（分辨率）

解析度指 A/D 转换器所能分辨的最小模拟输入量。通常用转换成数字量的位数来表示，如 8 bit，10 bit，12 bit 与 16 bit 等。

输出的位数越高，分辨率越高。若小于最小变化量的输入模拟电压的任何变化，将不会引起输出数字值的变化。

采用 12 bit 的 AD574，若是满刻度为 10 V 的话，分辨率即为 $10\,V/2^{12}=2.44\,mV$。而常

用的 8 bit 的 ADC0804(9)，若是满刻度为 5 V 的话，分辨率即为 5 V/2^8 = 19.53 mV。

选择适用的 A/D 转换器是相当重要的，并不是分辨率越高越好。分辨率太高，则其制造成本与单价就越贵；分辨率太低，会有无法取样到所需的信号，所撷取到的大多是噪声。

（2）转换时间

转换时间是 A/D 转换完成一次所需的时间。从启动信号开始到转换结束并得到稳定的数字输出值为止的时间间隔。转换时间越短则转换速度就越快。

按照转换速度可分为超高速（转换时间=330 ns），次超高速（330 ns~3.3 μs），高速（转换时间 3.3~333 μs），低速（转换时间>330 μs）等。

（3）转换误差

通常以相对误差的形式输出，其表示 A/D 转换器实际输出数字值与理想输出数字值的差别，并用最低有效位 LSB 的倍数表示。

（4）精确度

对于 A/D 转换器，精确度指的是在输出端产生所设定的数字数值，其实际需要的模拟输入值与理论上要求的模拟输入值之差。精确度依计算方式不同，可以区分为：绝对精确度和相对精确度；

所谓的绝对精确度是指实际输出值与理想输出值的接近程度，其相关的关系如下式所列：

$$绝对精确度=\frac{实际输出-理想输出}{理想输出}\times100\%$$

相对精确度指的是满刻度值校准以后，任意数字输出所对应的实际模拟输入值（中间值）与理论值（中间值）之差。

对于线性 A/D 转换器，相对精确度就是它的线性程度。由于电路制作上影响，会产生像是非线性误差，或是量化误差等减低相对精确度的因素。

相对精确度是指实际输出值与理想满刻输出值之接近程度，其相关的关系是如下式子所列：

$$相对精确度=\frac{实际输出-理想输出}{理想满刻度输出}\times100\%$$

基本上，一个 n bit 的转换器就有 n 个数字输出位。这种所产生的位数值是等效于在 A/D 转换器的输入端的模拟大小特性值。

如果外部所要输入电压或是电流量较大的话，所转换后的的位数值也就较大。

A/D 转换器应具备如下一些特性：

① 模拟输入，可以是单信道或多信道模拟输入。

② 参考输入电压，该电压可由外部提供，也可以在 ADC 内部产生。

③ 频率输入，通常由外部提供，用于确定 ADC 的转换速率。

④ 电源输入，通常有模拟和数字电源接脚。

⑤ 数字输出，ADC 可以提供平行或串行的数字输出。

7.1.2　A/D 转换芯片 ADC0809

ADC0809 是带有 8 位 A/D 转换器、8 路多路开关以及微处理机兼容的控制逻辑的

CMOS 组件。它是逐次逼近式 A/D 转换器，可以和单片机直接接口。其内部结构如图 7.2 所示。

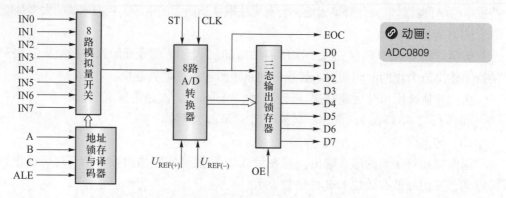

图 7.2 ADC0809 内部结构

由上图可知，ADC0809 由一个 8 路模拟量开关、一个地址锁存与译码器、一个 8 路 A/D 转换器和一个三态输出锁存器组成。多路开关可选通 8 个模拟通道，允许 8 路模拟量分时输入，共用 A/D 转换器进行转换。三态输出锁器用于锁存 A/D 转换完的数字量，当 OE 端为高电平时，才可以从三态输出锁存器取走转换完的数据。

（1）ADC0809 的引脚结构及各引脚的作用

ADC0809 的引脚结构如图 7.3 所示：其中 IN0~IN7：8 条模拟量输入通道。

ADC0809 对输入模拟量要求：信号单极性，电压范围是 0~5 V，若信号太小，必须进行放大；输入的模拟量在转换过程中应该保持不变，如若模拟量变化太快，则需在输入前增加采样保持电路。

① 地址控制线：4 条

● ALE：其为地址锁存允许输入线，高电平有效。当 ALE 线为高电平时，地址锁存与译码器将 A、B、C 三条地址线的地址信号进行锁存，经译码后被选中的通道的模拟量进转换器进行转换。

● A、B、C 其为地址输入线，用于选通 IN0~IN7 上的一路模拟量输入。通道选择表见表 7.1。

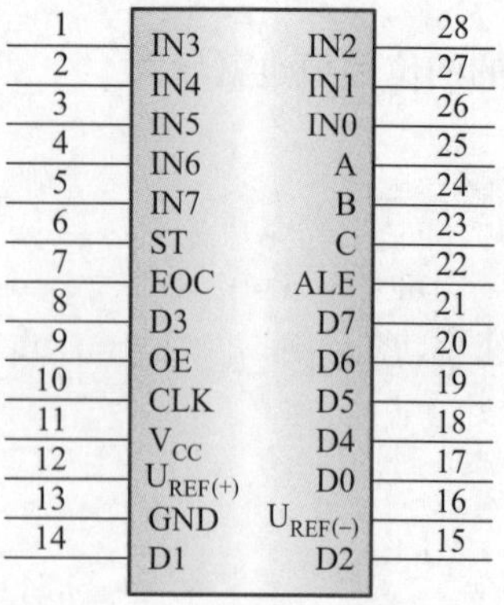

图 7.3 ADC0809 的引脚结构

表 7.1 通道选择表

C	B	A	选择的通道
0	0	0	IN0
0	0	1	IN1
0	1	0	IN2
0	1	1	IN3
1	0	0	IN4
1	0	1	IN5
1	1	0	IN6
1	1	1	IN7

② 数字量输出及控制线：11 条

● ST：其为转换启动信号。当 ST 上跳沿时，所有内部寄存器清零；当 ST 下跳沿时，开始进行 A/D 转换；在转换期间，ST 应保持低电平；

● EOC：其为转换结束信号。当 EOC 为高电平时，表明转换结束；否则，表明正在进行 A/D 转换；

● OE：其为输出允许信号，用于控制三条输出锁存器向单片机输出转换得到的数据；OE = 1，输出转换得到的数据；OE = 0，输出数据线呈高阻状态；

● D0 ~ D7：其为数字量输出线；

● CLK：其为时钟输入信号线。因 ADC0809 的内部没有时钟电路，所需时钟信号必须由外界提供，通常使用频率为 640 kHz；官方手册是 10 ~ 1280 kHz。

● $U_{REF(+)}$、$U_{REF(-)}$：其为参考电压输入。

（2）ADC0809 应用说明

① ADC0809 内部带有输出锁存器，可以与 AT89S51 单片机直接相连。

② 初始化时，使 ST 和 OE 信号全为低电平。

③ 送要转换的那一通道的地址到 A，B，C 端口上。

④ 在 ST 端给出一个至少有 100 ns 宽的正脉冲信号。

⑤ 可以根据 EOC 信号来判断是否转换完毕。

⑥ 当 EOC 变为高电平时，这时给 OE 送高电平，转换的数据就输出给单片机了。

其控制时序如图 7.4 所示：

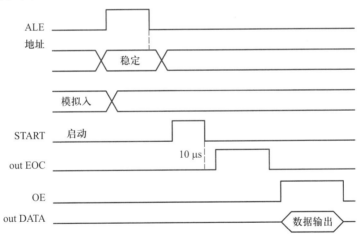

图 7.4　ADC0808/09 的控制时序图

7.1.3　典型应用案例——数字电压计

（1）功能描述

单片机通过 ADC0808 的某一个通道采集模拟电压值，经处理后在 4 位一体数码管显示出来。采集到的电压值以数字量的形式显示出来，即当模拟电压从 0 V 变化到 5 V 时，显示的数字量由 0 变化到 255。

🔗 教学案例：
1. ADC0809
2. EXP_AD

🔗 实验视频:
数字电压计

🔗 微课:
数字电压计

（2）仿真电路

本电路使用 ADC0808 芯片作为 A/D 转换芯片，通过通道 0 接入一模拟电压信号，借助电位器模拟电压的信号可以从 0 V 变换到 5 V。A/D 转换的结束信号 EOC 通过反相器连接至单片机的外部中断 0 输入端口。4 位一体数码管的段信号连接至单片机 P0 口，位控制信号连接至单片机的 P2.0～P2.3。ADC0808 芯片的数字信号输出端口连接至单片机的 P1 口，START 信号由单片机 P3.0 控制，OE 信号由单片机 P3.3 控制，通道控制端口 CBA 由单片机 P3.6～P3.4 控制。数字电压计仿真电路如图 7.5 所示。

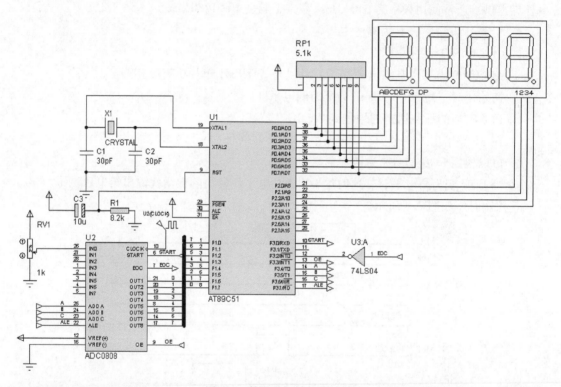

图 7.5　数字电压计仿真电路

（3）实现思路

ADC0808 将输入的电压信号（模拟信号）转换成数字量后触发单片机的外部中断。单片机通过对外部中断的处理来达到电压数字量的读取。数码管用来显示电压信号所对应的数字量。在程序中，使用定时器 T1 实现数码管动态显示。由于 A/D 转换的完成信号连接至单片机外部中断 0，因此当 A/D 转换完成后进入外部中断 0 的中断服务程序，读取转换的结果并保存至全局变量 1 中。在主程序中将 1 的个、十、百位分别提取出来保存至显示缓冲数组 shu[ ]中，即可在数码管更新显示 A/D 转换的结果。

（4）程序分析

程序包含了显示 display( )函数、延时 delay( )函数和主函数 main( )。显示函数 display( )利用定时器中断是实现数码管的动态显示；主函数 main( )则是根据 AD0808 的工作时序

图,完成模拟数据转换的读取与处理,时序图中的
延时要求是通过延时函数 delay( )来实现的。

　　在主程序中需要对 AD0808、定时器 T1 以及外
部中断 0 初始化,由于动态显示用定时器 T1 实现,
因此主程序无限循环中只要不断地启动 A/D 转换
以及更新显示数组即可,主程序流程图如图 7.6
所示。

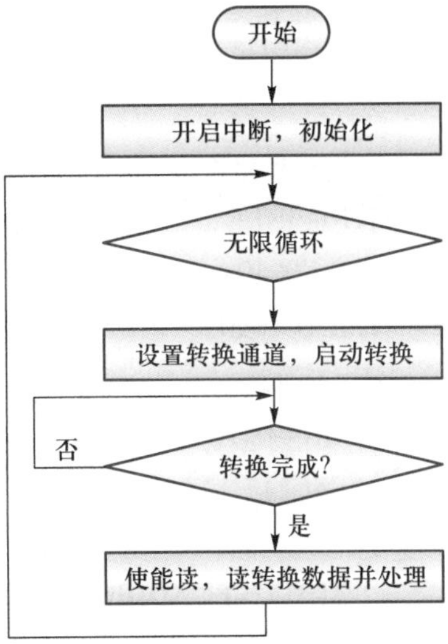

　　完整的参考程序如下:

```
1    #include <reg51. h>
2    #define uchar unsigned char
3    sbit ADDA = P3^7;
4    sbit ADDB = P3^6;
5    sbit ADDC = P3^5;              //定义地址端
6    sbit START = P3^2;
7    sbit OE = P3^1;
8    sbit EOC = P3^0;               //定义控制端
9    sbit ALE = P3^4;
10   uchar code dispcode[ ] = {0x3F,0x06,0x5B,0x4F,0x66,0x6D,0x7D,0x07,0x7F,
     0x6F};  //共阴极数码字符码
11   uchar dispbitcode[ ] = {0xFE,0xFD,0xFB};  //数码位码
12   uchar dispbuf[3];                    //显示缓冲单元
13   uchar i = 0;                          //全局变量,显示用
14
15   void display( ) interrupt 1          //定时器 T0 中断,动态显示
16   {
17     TH0 = 0xFE;
18     TL0 = 0x40;                         //一个数码显示时间设置
19     if(i == 3) i = 0;                   //3 个数码显示
20     P2 = 0xFF;                          //关闭所有显示,消除重影
21     P0 = dispcode[dispbuf[i]];          // 送字符段码
22     P2 = dispbitcode[i];                //送字符位码
23     i ++;                               //指向下一个数码
24   }
25
26   void delay(uchar num)                 //延时函数
27   {
28     while( --num );
29   }
```

图 7.6　主程序流程图

```
30
31      void main（void）                        //主程序
32      {
33        uchar temp；
34        TH0 = 0xFE；
35        TL0 = 0x40；                          //一个数码显示时间设置
36        TMOD = 0x01；                         //定时器 T0 方式 1 工作—16 位计数
37        IE = 0x82；                           //开启定时器 T0 中断
38        TCON = 0x10；                         //启动定时器 T0
39        while（1）                            //无限循环
40        {
41          ADDA = 1；ADDB = 1；ADDC = 0；       //选择 ADC0809 转换通道 3
42          ALE = 0；delay（100）；ALE = 1；delay（100）；ALE = 0；//将地址打入 ADC0809
43          START = 0；delay（100）；START = 1；delay（100）；START = 0；//启动 A/D 转换
44          while（!EOC）；                      //等待转换结束
45          OE = 1；temp = P1；                 //读使能,将转换后数据从 P1 口读入单
                                                  片机
46          //处理读入数据,送显示缓冲单元
47          dispbuf[0] = temp/100；             //取百位
48          dispbuf[1] = temp%100/10；          //取十位
49          dispbuf[2] = temp%10；              //取个位
50        }
51      }
```

程序中：

第 15~24 行是定时器 T0 中断, 用于动态数码管显示, 由于本案例只需要 3 个数码管显示, 所以决定数码管位的变量 i 只会取值 0~2；

第 37 行设置了定时器 T0 一个中断的允许；

第 41~46 行是完全按照 ADC0809 的工作时序编制程序；

第 47~49 行则是将读取到的数据 0x0~0xFF （0~255） 分别取出百、十、个位数据, 便于显示。

（5）调试与说明

ADC0808 和 AD0809 工作原理是一样的, 只是在引脚上有所区别, 在 Proteus 软件中, 只有 ADC0808 芯片, 所以我们使用该芯片实现 A/D 转换功能。

ADC0808 的 clock 端口必须接入合适的时钟信号才能正常工作, 在图 7.7 和图 7.8 中 GENERATORS 选项中, 选择 DCLOCK （数据时钟）, 并将其频率配置为 640 kHz。

（6）思考

如果要求数码管显示对应的电压值, 保留两位小数, 程序如何修改？

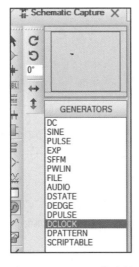
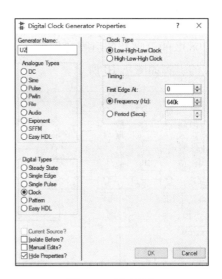

图 7.7　DCLOCK 的选择　　　　　　　图 7.8　配置频率

7.2　D/A 转换

7.2.1　D/A 转换概念

D/A 转换器（digital -to- analog converter）又称数模转换器，即是将数字信号转换成模拟信号（电压或是电流的形式）。

🔗 动画：
数模转换

与 D/A 转换相关的几个重要概念：

① 分辨率（resolution）是指 D/A 转换器能分辨的最小输出模拟增量，取决于输入数字量的二进制位数。

🔗 微课：
数模转换

② 建立时间（establishing time）是描述 D/A 转换速度的快慢。

③ 转换精度（conversion accuracy）是指满量程时 DAC 的实际模拟输出值和理论值的接近程度。

④ 偏移量误差（offset error）是指输入数字量为零时，输出模拟量对零的偏移值。

⑤ 线性度（linearity）是指 DAC 的实际转换特性曲线和理想直线之间的最大偏移差。

7.2.2　典型 D/A 集成芯片——DAC0832

（1）DAC0832 内部结构

DAC0832 是 8 位双缓冲器结构的 D/A 转换器，其内部逻辑结构如图 7.9 所示。

DAC0832 芯片内有两级输入寄存器，使 DAC0832 具备双缓冲、单缓冲和直通三种输入方式，以便适用于各种电路的需要（如要求多路 D/A 异步输入、同步转换等）。D/A 转换结果采用电流形式输出。要是需要相应的模拟信号，可通过一个高输入阻抗的线性运算放大器实现这个功能。运放的反馈电阻可通过 R_{fb} 端引用片内固有电阻，也可以外接。

（2）DAC0832 的引脚及各引脚的作用

DAC0832 的引脚如图 7.10 所示。

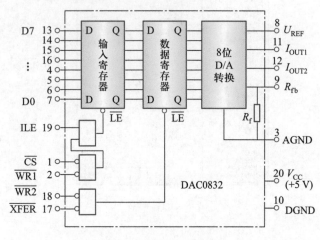

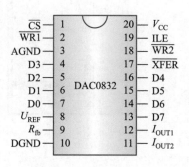

图 7.9　DAC0832 内部结构　　　　　　　　图 7.10　DAC0832 的引脚

① D0 ~ D7：数字信号输入端。

② ILE：输入寄存器允许，高电平有效。

③ $\overline{CS}$：片选信号，低电平有效。

④ $\overline{WR1}$：写信号 1，低电平有效。

⑤ $\overline{XFER}$：传送控制信号，低电平有效。

⑥ $\overline{WR2}$：写信号 2，低电平有效。

⑦ I_{OUT1}、I_{OUT2}：DAC 电流输出端。

⑧ R_{fb}：是集成在片内的外接运放的反馈电阻。

⑨ U_{REF}：基准电压（-10 ~ 10 V）；V_{CC}：源电压（+5 ~ +15 V）。

⑩ AGND：模拟地；DGND：数字地，可与 AGND 接在一起使用。

（3）DAC0832 的工作原理

DAC0832 是采用 CMOS 工艺制成的单片直流输出型 8 位数模转换器。如图 7.11 所示，它由倒 T 形 R-$2R$ 电阻网络、模拟开关、运算放大器和参考电压 U_{REF} 四大部分组成。运算放大器输出的模拟量 U_o 为

$$U_o = -\frac{U_{REF} \times R_f}{2^n R}(D^{n-1} \times 2^{n-1} + D^{n-2} \times 2^{n-2} + \cdots + D^0 \times 2^0)$$

由上式可见，输出的模拟量与输入的数字量（$D^{n-1} \times 2^{n-1} + D^{n-2} \times 2^{n-2} + \cdots + D^0 \times 2^0$）成正比，这就实现了从数字量到模拟量的转换。一个 8 位 D/A 转换器有 8 个输入端（其中每个输入端是 8 位二进制数的一位），有一个模拟输出端。输入可有 $2^8 = 256$ 个不同的二进制组态，输出为 256 个电压之一，即输出电压不是整个电压范围内任意值，而只能是 256 个可能值。

🔗 动画：
DAC0832_单缓冲

（4）DAC0832 的工作模式

DAC 与单片机相连接时，共有 3 种工作模式：单缓冲工作模

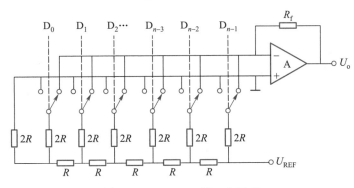

图 7.11　DAC0832 的工作原理

式、双缓冲工作模式及直通工作模式。

① 单缓冲工作模式:

如图 7.12 所示,在单缓冲工作模式中,输入寄存器工作于受控状态,DAC 寄存器工作于直通状态。输入寄存器和 DAC 寄存器共用一个地址,同时选通输出,输入数据在控制信号作用下,直接进入 DAC 寄存器中;WR1和WR2同时进行,并且与 CPU 的$\overline{\text{WR}}$相连,CPU 对 DAC0832 执行一次写操作,将数据直接写入 DAC 寄存器中。

适用:只有一路模拟信号输出或几路模拟信号非同步输出。在不要求多路 D/A 同时输出时,可以采用单缓冲方式,此时只需一次写操作,就开始转换,可以提高 D/A 的数据吞吐量。

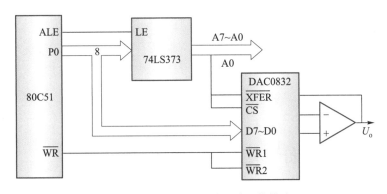

图 7.12　DAC0832 的单缓冲工作模式

② 双缓冲工作模式:

如图 7.13 所示,在双缓冲工作模式中,两个寄存器均工作于受控锁存器状态。输入寄存器和 DAC 寄存器分配有各自的地址,可分别选通用于同时输出多路模拟信号。

🔗 动画:
DAC0832_双缓冲

适用:同时输出几路模拟信号的场合,可构成多个 DAC0832 同步输出电路。

③ 直通工作模式:

如图 7.14 所示,在直通工作模式中,不进行缓冲,输入寄存器和 DAC 寄存器始终输出,输入数据在控制信号$\overline{\text{WR}}$作用下(或与单片机并口直接连接,无须$\overline{\text{WR}}$),直接进入 DAC 寄存器中。

🔗 动画:
DAC0832_直通

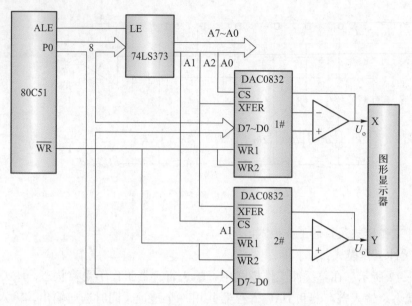

图 7.13　DAC0832 的双缓冲工作模式

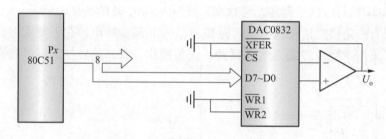

图 7.14　DAC0832 的直通工作模式

　　适用：只有一路模拟信号输出或几路模拟信号非同步输出，适用于比较简单的场合。

7.2.3　典型案例——信号发生器设计

🔗 微课：
信号发生器

🔗 教学案例：
1. 波形发生器
2. WAVE
3. AD_DA

（1）功能描述

　　P0 口作为数据口，DAC0832 采用直通接法，通过改变 P0 口输出的数字量达到改变 DAC0832 输出电压的目的。根据不同波形的特点连续输出一连串的数字量以达到产生不同波形的目的。

（2）仿真电路

　　电路主要由单片机、DAC0832、按键组成。按键采用独立按键接口形式，连接至单片机的外部中断 0 输入端口，用于切换波形。为了观察到输出波形，将 DAC 的输出连接至虚拟仪器示波器。信号发生器仿真电路如图 7.15 所示。

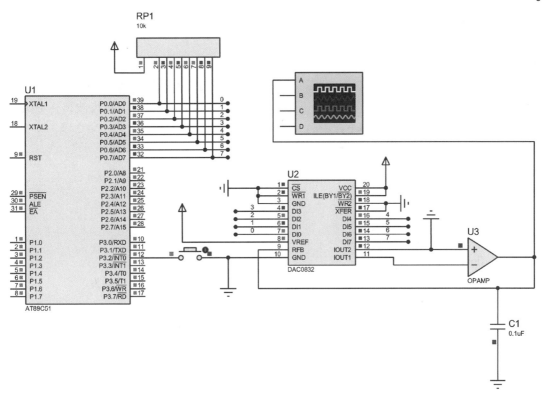

图 7.15　信号发生器仿真电路

（3）实现思路

本电路可以产生三角波、方波、锯齿波和正弦波四种波形，通过按键切换波形。由于按键连接至单片机的外部中断 0，因此在程序中定义一个全局变量 biao，当按键按下后，进入中断服务程序，修改 biao 的值，由于只产生四种波形，biao 的取值在 0~3 之间。在主程序无限循环中判断 biao 的值，产生相应的波形。

（4）程序分析

程序由 3 个函数构成：延时函数 delay( )、外部中断 0 函数 bo( )和主函数 main( )。外部中断 0 函数 bo( )是由按键控制的，主要是根据按键按下的次数选择需要输出的波形，但在这个函数里只是做上相应的波形标记；主函数 main( )则是根据波形标记完成输出波形。

由于需要产生正弦波，用到正弦函数，在程序的开头需要包含 math.h 库函数。

图 7.16 给出主函数 main( )的流程图，其他两个函数比较简单，这里就不细说了。

参考程序如下：

```
1    #include<reg51.h>
2    #include<math.h>                //使用正弦函数
3    unsigned char biao=0;
4
5    void delay(unsigned char m)      //延时程序
6    {
```

```
7          while( --m! =0) ;
8      }
9
10    void bo( ) interrupt 0                    //波形选择按键,中断处理
11    {                                         //0—三角波,1—方波,2—锯齿波,3—正弦波
12       if( ++biao = =4) biao =0;
13    }
14
15    void main( )
16    {
17       unsigned char i =0;
18       float j =0. 0;
19       TCON =0x01; IE =0x81;                   //开启外部中断,下降沿触发
20       while(1)                               //无限循环
21         {
22         switch( biao)
23           {
24           case 0: for( i =0;i<255;i++)        //三角波
25                   P0 =i;
26                   for( i =255;i>0;i--)
27                   P0 =i;
28                   break;
29           case 1: P0 =0;                      //方波
30                   delay( 100) ;
31                   P0 =0xFF;
32                   delay( 100) ;
33                   break;
34           case 2: for( i =255;i>0;i--)        //锯齿波
35                   P0 =i;
36                   break;
37           case 3:for( j =0;j<6. 28;j+=0. 02)  //正弦波
38             {
39           P0 =(1+sin( j) ) * (2 * 2 * 2 * 2 * 2 * 2);
40                   delay(20) ;
41             }
42                   break;
43           default: P0 =0;                     //无输出
44             }
```

45　　　}
46　　}

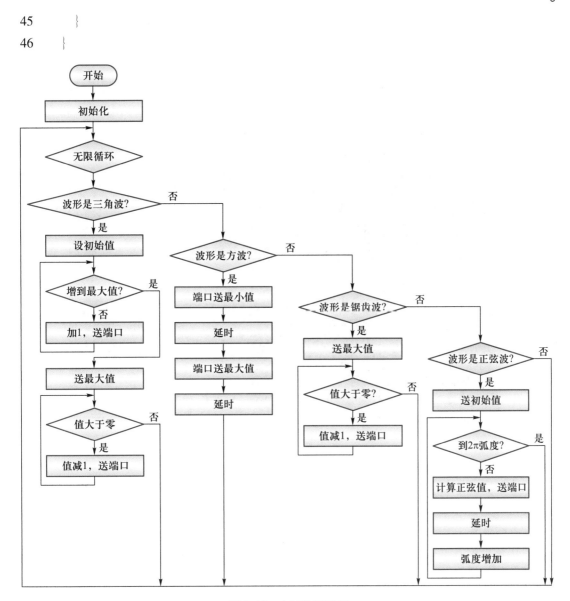

图 7.16　主函数流程图

程序中：

第 2 行包含了一个 math. h 文件，该文件是 C 语言的基本头文件，不需要专门复制；

第 3 行定义的变量 biao 是用于设置波形的，默认值是 0；

第 10~13 行是中断处理按键，由于后面主函数一直在输出波形，所以用中断方式处理按键比较好，否则会觉得按键不灵敏；

第 24~26 行是输出三角波，该波也是默认输出的波，由于在其上升沿没包含 255 这个值，但下降沿必须包含 255，否则会有断点，不连续，当然也不要重叠；

第 37 行是输出正弦波，为了波形的完整，角度的变化应该是完整的周期 0°~360°（0~2π），递进步长可以自定义，但必须是以弧度形式变化；

第 39 行因为使用的是 sin( ) 函数，该函数输出的值是 -1~+1，负数无法显示，需要整体抬高，所以做加 1 处理；为了便于观察需要输出的幅度增大，所以乘 2^7，再加上自身的 $0\sim2$ 变化，使得输出最大值可以达到 2^8。

（5）调试与说明

本程序是用按键选择三角波、方波、锯齿波和正弦波波形，波形的产生通过虚拟仪器示波器观察，如图 7.17 所示是产生的正弦波。

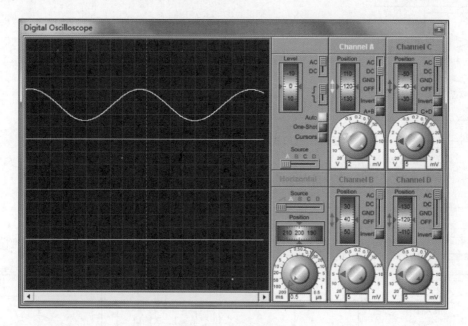

图 7.17　仿真波形图

图 7.17 中虚拟示波器上的 5 个旋钮，左下角按钮用于调整扫描时间，其他四个分别用于调整四路波形的显示幅度。

（6）思考

① 在正弦波产生程序中，P0 = (1 + sin(j)) * (2 * 2 * 2 * 2 * 2 * 2 * 2) 的作用是什么？

② 如何修改产生波形的频率？

习 题

7.1　请简要说明 ADC0809 的基本性能。

7.2　若 ADC0809 芯片基准电压为 5 V，则其分辨率为多少伏？

7.3　请写出 ADC0809 或是 ADC0808 的控制方法及典型程序。

7.4　请写出 ADC0832 的控制方法及基于 DAC0832 的三角波产生程序。

7.5　ADC0809 对输入模拟量要求是什么？若信号较弱，则应该进行何种技术处理？

7.6　如习题 7.6 电路图所示，补全电路的连线并编制相关程序，实现键盘选择方波、三角波、锯齿波和正弦波的波形输出。

7.7　如习题 7.7 电路图所示，补全电路的连线并编制相关程序，实现将可变电阻上的电压在数码管上显示出来，显示的格式为 0.00~5.00。

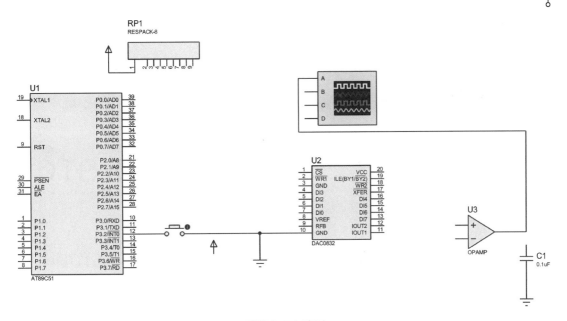

习题 7.6 电路图

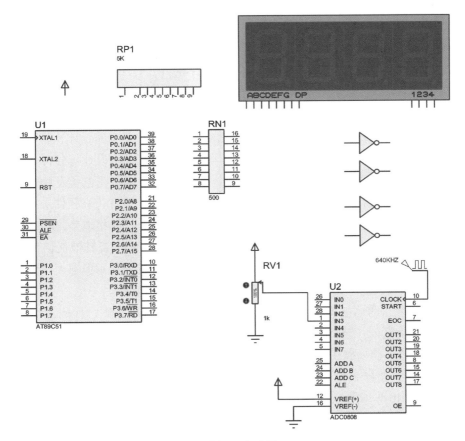

习题 7.7 电路图

单元 8

仿真与实物下载STC

考虑到学生在学习有关以 MCS-51 技术为内核的单片机技术时，所需要的仿真软件和实操涉及的软件步骤，本单元主要介绍仿真软件 Proteus 的应用方法和国内用到的 STC51 单片机软件下载的方法。建议本单元在教学中可以融入相应单元，无须另占用课时。

> 重点：仿真软件使用与实物程序下载方法；
> 难点：实物程序下载的参数设置。

8.1　Proteus 介绍与操作步骤

Proteus 软件是由英国 Labcenter Electronics 公司开发的 EDA 工具软件，已有近 20 年的历史，在全球得到了广泛的应用。Proteus 软件的功能强大，它集电路设计、制版及仿真等多种功能于一身，不仅能够对电工、电子技术学科涉及的电路进行设计与分析，还能够对微处理器进行设计和仿真，并且功能齐全、界面多彩，是近年来备受电子设计爱好者青睐的一款新型电子线路设计与仿真软件。Proteus 软件和其他电路设计仿真软件最大的不同是它的功能不是单一的。它的强大的元件库可以和任何电路设计软件相媲美，它的电路仿真功能可以和 Multisim 相媲美，且独特的单片机仿真功能是 Multisim 及其他任何仿真软件都不具备的；它的 PCB 电路制版功能可以和 Protel 相媲美。它的功能不但强大，而且每种功能都毫不逊于 Protel，是广大电子设计爱好者难得的一个工具软件。

Proteus 是世界上著名的 EDA 工具（仿真软件），从原理图布图、代码调试到单片机与外围电路协同仿真，一键切换到 PCB 设计，真正实现了从概念到产品的完整设计。迄今为止是世界上唯一将电路仿真软件、PCB 设计软件和虚拟模型仿真软件三合一的设计平台，其处理器模型支持 8051、HC11、PIC10/12/16/18/24/30/DsPIC33、AVR、ARM、8086 和 MSP430 等，2010 年增加 Cortex 和 DSP 系列处理器，并持续增加其他系列处理器模型。在编译方面，它也支持 IAR、Keil 和 MATLAB 等多种编译。

Proteus 支持当前的主流单片机，如 51 系列、AVR 系列、PIC12 系列、PIC16 系列、PIC18 系列、Z80 系列、HC11 系列、68000 系列等。它的主要特点如下：

① 提供软件调试功能。

② 提供丰富的外围接口器件及其仿真，如 RAM、ROM、键盘、电机、LED、LCD、AD/DA、部分 SPI 器件、部分 I²C 器件。这样很接近实际。在学生训练时，可以选择不同的方案，这样更利于培养学生。

③ 提供丰富的虚拟仪器，利用虚拟仪器在仿真过程中可以测量外围电路的特性，培养学生实际硬件的调试能力。

④ 具有强大的原理图绘制功能。

Proteus 可模拟的元器件和仪器有以下几类：

① 器件：仿真数字和模拟、交流和直流等数千种元器件，有 30 多个元件库。

② 仪表：示波器、逻辑分析仪、虚拟终端、SPI 调试器、I²C 调试器、信号发生器、模式发生器、交直流电压表、交直流电流表。理论上同一种仪器可以在一个电路中随意的调用。

③ 图形：可以将线路上变化的信号，以图形的方式实时地显示出来，其作用与示波器相似，但功能更多。这些虚拟仪器仪表具有理想的参数指标，例如极高的输入阻抗、极低的输出阻抗。这些都尽可能减少仪器对测量结果的影响。

④ 调试：Proteus 提供了比较丰富的测试信号用于电路的测试。这些测试信号包括模拟信号和数字信号。

除此之外，Proteus 可与 Keil C 联合仿真。

8.2　下载烧录口（STC）与步骤

STC 系列是具有我国独立知识产权的增强型 51 单片机，由深圳宏晶科技有限公司设计，有多种子系列，几百个品种，可满足不同的需要。其中，STC12 系列、STC15 系列因其性价比高，被广大设计人员广泛使用。

在产品系列中，STC 系列的 1 机器周期（1T）增强系列更具有竞争力，它是高速/低功耗/超强抗干扰的新一代 8051 单片机，指令代码和引脚完全兼容传统 8051，但速度快 8~12 倍，而且其片内具有大容量程序存储器且是 Flash 工艺的，如 STC12C5A60S2 单片机内部就自带高达 60 K FlashROM，这种工艺的存储器用户可以用电的方式瞬间擦除、改写。STC 系列单片机还支持串口程序烧写。这种单片机对开发设备的要求很低，开发时间也大大缩短，写入单片机内的程序还可以进行加密。

STC 单片机内部集成 MAX810 专用复位电路，2 路 PWM，8 路高速 10 位 A/D 转换（250 K/S），通用 I/O 口（36/40/44 个），其主要内部结构如图 8.1 所示。

复位后所有输入/输出端口除 P3.0 和 P3.1 外，其余所有 I/O 口上电后的状态均为高阻输入状态，所有的 I/O 口可设置成四种模式：准双向口/弱上拉、推挽/强上拉、仅为输入/高阻、开漏，每个 I/O 口驱动能力均可达到 20 mA，但整个芯片最大不要超过 120 mA。

STC 系列主要电特性如下：

① 具有宽电压：1.9~5.5 V（不同型号参数不同），低功耗设计：空闲模式，掉电模式（可由外部中断唤醒）。

② 具有在应用编程，调试起来比较方便；带有 10 位 A/D、内部 E²PROM，可在 1T/

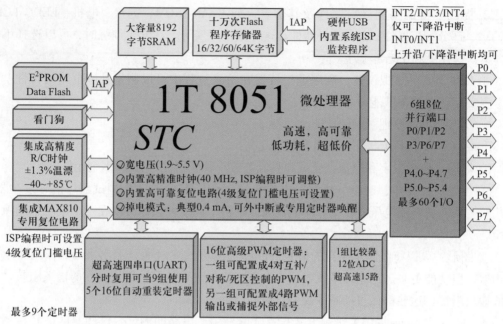

图 8.1   STC 单片机主要内部结构

机器周期下工作，速度是传统 51 单片机的 8~12 倍，价格也较便宜。

③ 4 通道捕获/比较单元，STC12C2052AD 系列为 2 通道，可用来再实现 4 个定时器或 4 个外部中断，2 个硬件 16 位定时器，兼容普通 8051 的定时器。4 路 PCA 还可再实现 4 个定时器，具有硬件看门狗、高速 SPI 通信端口、全双工异步串口，兼容普通 8051 的串口。

④ 同时还具有先进的指令集结构，兼容普通 8051 指令集。

不同型号，参数会略有不同，使用时请查看商家提供的用户手册。

注意：使用该系列芯片在 Keil 编程时，需先在官网下载相应的头文件，因为头文件里包含了寄存器的定义。

执行程序下载方法如下：

① 在计算机端需装 USB 驱动程序"ch341ser. exe"，步骤如下：

微课：
STC51 单片机程序下载方法

• 双击"ch341ser. exe"文件，出现如图 8.2 所示启动界面。

• 单击"安装"，等待，直到出现图 8.3 所示界面。

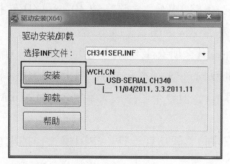

图 8.2   启动界面

图 8.3   安装完成界面

② 通过 USB 下载器下载程序并实现功能，步骤如下：

● 连接好下载器。注意下载器与目标板接口，图 8.4 所示为 STC 官方提供的下载接口图。

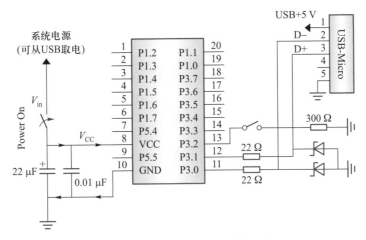

图 8.4　STC 官方提供的下载接口图

● 运行软件，如图 8.5 所示。

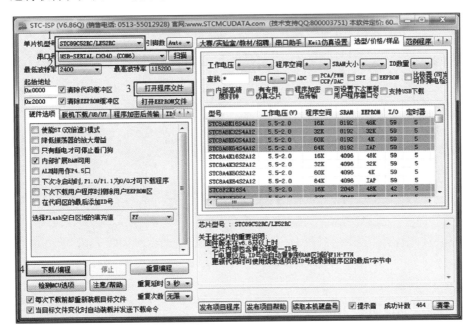

图 8.5　stc-isp 下载使用说明

选择单片机型号→选择 USB 端口→装载 hex 程序文件→开始下载→完成。

另外，此软件具有串口助手、观看并下载范例程序代码、下载头文件等功能。

③ 下载完成后，按下目标板的"RST"按键，程序运行。

对于 STC 单片机程序的编写，可以直接包含 reg51.h 文件，对常用特殊功能寄存器直接操作；但由于 STC 单片机有自己特殊的寄存器，所以建议在编程中，包含其自己的头文件，这个头文件可以去 STC 官网下载，也可利用 STC—isp 下载软件上的选项下载。

若仍然使用 reg51.h 头文件，可以在程序中使用 sfr 关键词定义使用，参考程序如下所示。

```
#include <reg51.h>
sfr P2M1 = 0x95;        //---新增的功能寄存器地址声明 ---
sfr P2M0 = 0x96;
……
P2M1 = 0x00;            //配置 P2 端口的 P2.0~P2.7 为推挽输出模式
P2M0 = 0xFF;
```

单元 9

典型综合案例

在学习相关 MCS-51 单片机技术知识之后，为了将所学内容灵活应用起来，加深和巩固所学知识，本单元采用"双机通信""16×16LED 点阵""A/D 与 D/A 监测控制系统"三个综合案例来实现综合应用设计。本单元可以供课后练习或训练用。

9.1 双机通信

（1）功能描述

两个单片机串口双向通信，利用键盘或传感器状态发送数据控制对方的显示。目的是加深了解串口通信的参数设置和中断编程。

（2）仿真电路

图 9.1 为双机通信仿真电路，在后面的分析中将 U1 单片机作为 1 号机，U2 单片机作为 2 号机。

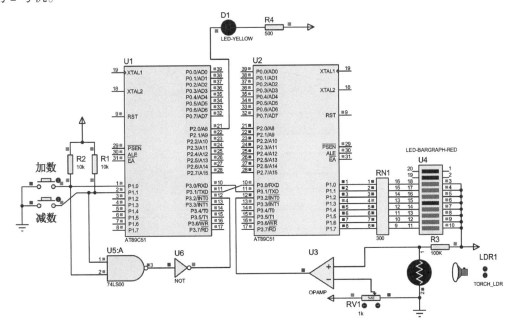

图 9.1 双机通信仿真电路

（3）实现思路

左边的单片机根据两个按键按下的次数，利用串口控制对方的 LED 灯显示的状态；右边的单片机根据传感器 LDR1 的状态控制对方的 LED 灯亮或灭。无论是按键还是传感器都利用了中断$\overline{\text{INT0}}$，这样双方的程序里都是除串口通信中断函数外，还有个外部中断$\overline{\text{INT0}}$的函数。

（4）程序分析

双方程序都是由三个函数组成：外部中断$\overline{\text{INT0}}$函数、串口通信函数和主函数 main( )。下面给出几个主要的流程图和源程序，供参考。

U1 单片机（1 号机）主程序流程图如图 9.2 所示。

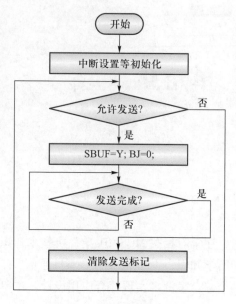

图 9.2 1 号机主程序流程图

两个按键经过**与**操作，连接至单片机的外部中断$\overline{\text{INT0}}$，一旦有按键按下后进入外部中断$\overline{\text{INT0}}$的中断服务程序，进入中断服务程序后，首先判断是加还是减，然后根据判断的结果做进一步操作，其具体流程如图 9.3 所示。

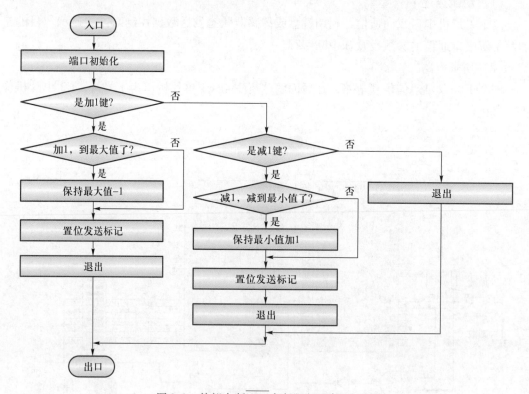

图 9.3 外部中断$\overline{\text{INT0}}$中断服务程序流程图

在串口中断服务程序中，首先判断是发送中断还是接收中断。如果是发送中断，则清除中断标记并置位发送完标记；如果是接收中断，则清除接收中断标记，并做相应的端口处理，具体流程如图9.4所示。

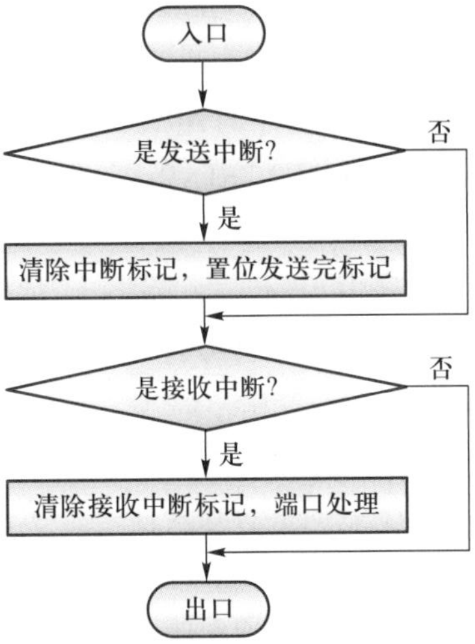

根据前面的分析可以得到 1 号机源程序，具体如下：

```
1    #include<reg51.h>
2    unsigned char Y;
3    bit BJ;
4    sbit P2_0=P2^0;
5
6    void scankey( ) interrupt 0          //键盘识别
7    {    P2_0=1;
8       switch(P1)
9         {
10        case 0xfe:if((Y=Y+1)>=0xFE)Y=0xFE;
          BJ=1;break; //KEY1 键值处理
11        case 0xfd:if((Y=Y-1)<=0x01)Y=0x01;BJ=1;break; //KEY2 键值处理
12        default:break;
13        }
14    }
15
16   void main( )                          //主程序
17     {
18      IE=0x91;                          //允许串口中断
19      SCON=0x50;                        //串口方式 1 工作,允许接收
20      TMOD=0x20;                        //定时器 1 方式 2 工作模式
21      TH1=0xFD;TL1=0xFD;                //系统默认 9600
22      TCON=0x41;                        //启动定时器 T1
23      BJ=0;                             //允许发送
24      Y=0;
25      for(;;)                           //无限循环
26        {
27        if(BJ)                          //按键且允许发送
28          {
29          SBUF=Y;BJ=0;while(!BJ);       //发送变化量,等待发送完
30          BJ=0;                         //清除标记
31          }
32        }
33     }
34
```

图 9.4　串口中断服务程序流程图

入口

是发送中断? ——否

是

清除中断标记, 置位发送完标记

是接收中断? ——否

是

清除接收中断标记, 端口处理

出口

```
35      void serial( )interrupt 4          //串口中断服务程序
36      {
37          if( TI) | TI = 0;BJ = 1;|        //处理发送中断
38          if( RI) | RI = 0;P2_0 = 0;|
39      }
```

程序中：

第 1 行中是包含了 "reg51. h"，而不是 "AT89X51.H"，所以第 4 行在使用 "P2_0" 这样的符号就必须自定义了；

第 10 行中使用了 ">=0xFE"，为什么不取 0xFF？是因为程序先加 1 后判断，若是 0xFF 会出现加 1 溢出不再满足 ">=0xFE" 这样的逻辑，这个程序大家也可以自己发挥一下，只要满足功能即可；

第 11 行同理第 10 行，使用了 "<=0x01"。

U2 单片机（2 号机）主程序流程图如图 9.5 所示。

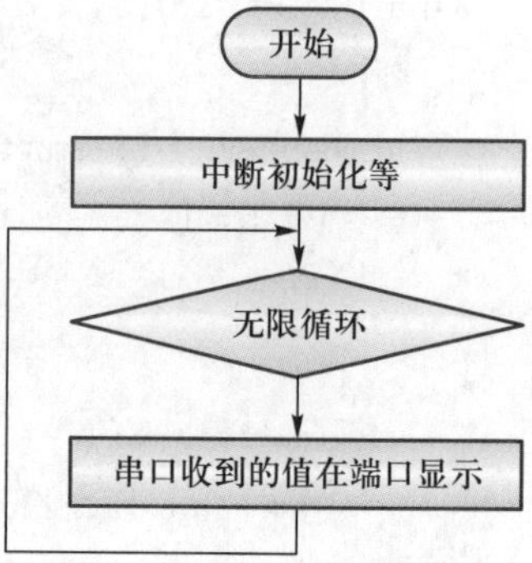

2 号机的完整程序参考如下：

图 9.5　2 号机主程序流程图

```
1       #include<reg51. h>

2       unsigned char Y;

3

4       void SED( ) interrupt 0         //延时

5       {

6         SBUF = 0x01;

7       }

8

9       void main( )                    //主程序

10      {

11        1IE = 0x91;                   //允许串口中断

12        SCON = 0x50;                  //串口方式 1 工作,允许接收

13        TMOD = 0x20;                  //定时器 1 方式 2 工作模式

14        TH1 = 0xFD;TL1 = 0xFD;        //系统默认 9600

15        TCON = 0x41;                  //启动定时器 T1

16        Y = 0;                        //允许发送

17        P2 = 0;                       //显示全灭

18        for( ;;)                      //无限循环

19          {

20          P1 = Y;

21          }

22      }

23
```

```
24      void serial( ) interrupt 4              //串口中断服务程序
25      {
26        if( TI) TI = 0;
27        if( RI) { RI = 0; Y = SBUF; }
28      }
```

程序中：

第 4~7 行是按键产生的外部中断，每按下一次，串口发送一次数据，在这里没有判断 TI，是因为人为按下按键的速度要远慢于串口传播的速度，就是说两次按键的间隔肯定大于串口一个字符的传送；当然若加上判断数据发完就更符合逻辑；

第 20 行是将接收到的数据送到 P1 端口，若有其他的显示设备，可以在此加驱动程序。

双机通信的程序可以参考 5.4.3 节的内容。

9.2 16×16 LED 点阵

（1）功能描述

将 4 个 8×8 点阵合成为 16×16 点阵，通过 74LS373 和 74LS138 扩展单片机的 I/O 口，控制 16×16 点阵显示的内容为 "2009" 或滚动显示 "欢迎光临" 的字样。

（2）仿真电路

在本电路中对单片机的端口进行扩展，使用了 4 个 74LS373 和 1 个 74LS138，同时单片机的 P0 口通过上拉电阻接电源。其具体电路如图 9.6 所示。

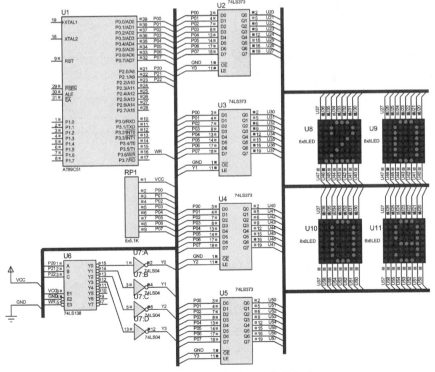

图 9.6 16×16 LED 点阵显示仿真电路

（3）实现思路

4 个 8×8 点阵合成为 16×16 点阵，为了控制 16×16 点阵显示，要用到 16 个行控制信号和 16 个列控制信号。通过对 4 个 74LS373 的口地址分析，可以得到 2 个行控制地址分别为 0x0000 和 0x0100，2 个列控制地址分别为 0x0200 和 0x0300。

（4）程序分析

在程序中设计了两个程序，一个程序是固定显示"2009"的数据。由于显示屏扩展到 16×16 点阵，因此在屏上可以显示汉字，在另一个程序中提升了程序复杂度，滚动显示"欢 迎光临"的字样。16×16 行列控制信号分配图如图 9.7 所示。

① 显示不变程序：

在程序中定义 1 个 2×16 的二维数组，分别用于保存"20"和"09"的显示段码。在主程序的无限循环中使用 for 循环语句，通过循环 16 次把数据送出，从而达到固定显示"2009"的目的。流程图如图 9.8 所示。

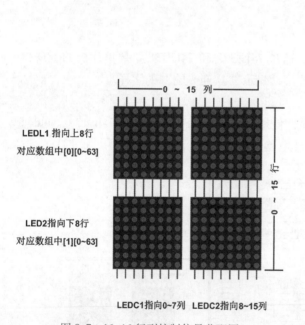

图 9.7　16×16 行列控制信号分配图

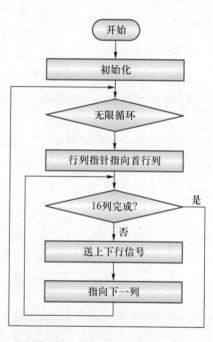

图 9.8　显示不变程序流程图

完整参考程序如下：

```
1    #include <AT89X51.H>
2    #include<intrins.h>
3    unsigned char xdata  *LEDL2 = 0x0000;          //控行 373 地址 1
4    unsigned char xdata  *LEDL1 = 0x0100;          //控行 373 地址 2
5    unsigned char xdata  *LEDC1 = 0x0200;          //控列 373 地址 1
6    unsigned char xdata  *LEDC2 = 0x0300;          //控列 373 地址 2
7    unsigned char code DB1[2][16] = {
8        {
```

```
9      0x7E,0x20,0x10,0x08,0x04,0x22,0x22,0x1C, / * 2 * /
10     0x1C,0x22,0x22,0x22,0x22,0x22,0x22,0x1C, / * 0 * /
11       },
12       {
13     0x1C,0x22,0x22,0x22,0x22,0x22,0x22,0x1C, / * 0 * /
14     0x1C,0x22,0x02,0x1E,0x22,0x22,0x22,0x1C, / * 9 * /
15       }
16     };
17
18     void delay( )                          //延时约 40 μs
19     {
20       unsigned int t;
21       for(t=0;t<20;t++);
22     }
23
24     void main( )                           //主函数
25     {
26       unsigned char i;
27       while(1)
28         {
29       unsigned long j=0x01;
30       unsigned char L1=1,L2=0;
31       for(i=0;i<16;i++)                    //for 循环,循环 16 次
32           {
33           * LEDL1=0;
34           * LEDL2=0;
35           * LEDC1=~L1;
36           * LEDC2=~L2;
37           * LEDL1=DB1[0][i];
38           * LEDL2=DB1[1][i];
39           j= _lrol_ (j,0x01);             //16 位循环左移
40           L1=j;
41           L2= _lror_ (j,0x08);            //16 位循环右移
42           delay( );
43           }
44         }
45     }
```

程序中:

第 9 行、第 10 行是在点阵屏上半部显示的图案数据，与电路接线、驱动方式有关；

第 13 行、第 14 行是在点阵屏下半部显示的图案数据，与电路接线、驱动方式有关；

第 37 行是送上 8 行数据；

第 38 行是送下 8 行数据；

第 39 行是 16 位（long）循环左移 1 位，选一列有效；

第 40 行由于 L1 是 unsigned char 类型，实际送时只有低 8 位有效；

第 41 行同样 L2 是 unsigned char 类型，也只能取低 8 位数据；但对于 16 位的数据 j，是要求 L1 对应 j 低 8 位，L2 对应 j 高 8 位，所以需要将高 8 位移动到低 8 位上才能正确赋值。

可以参看前面第 2.4.5 节。

② 滚动字符显示程序：

在程序中定义一个 2×64 的二维数组 DB1，用于保存"欢迎光临"中文汉字的段码，该段码可以通过字模软件获取，具体见调试说明介绍。由于程序中应用到_iror_（）函数，因此在头文件要包含 intrins.h 库文件。程序实现的思路与 2.4.7 节点阵屏跑马显示 0~9 一致，在这里不再赘述，程序流程图如图 9.9 所示。

完整参考程序如下：

```
1    #include <AT89X51.H>
2    #include<intrins.h>
3    unsigned char xdata  *LEDL2 = 0x0000;      //控行 373 地址 1
4    unsigned char xdata  *LEDL1 = 0x0100;      //控行 373 地址 2
5    unsigned char xdata  *LEDC1 = 0x0200;      //控列 373 地址 1
6    unsigned char xdata  *LEDC2 = 0x0300;      //控列 373 地址 2
7    #define n 4
8    unsigned char code DB1[2][64] = {  //欢迎光临 每个汉字符是 16×16 像素
9       {                    //这里是每个字的上半部
10      0x00,0x00,0xFC,0x04,0x45,0x46,0x28,0x28,
11      0x10,0x28,0x24,0x44,0x81,0x01,0x02,0x0C,
12      0x00,0x41,0x26,0x14,0x04,0x04,0xF4,0x14,
13      0x15,0x16,0x14,0x10,0x10,0x28,0x47,0x00,
14      0x01,0x21,0x11,0x09,0x09,0x01,0xFF,0x04,
15      0x04,0x04,0x04,0x08,0x08,0x10,0x20,0x40,
16      0x10,0x10,0x51,0x51,0x52,0x54,0x58,0x50,
17      0x57,0x54,0x54,0x54,0x54,0x14,0x17,0x14,
18      },     //这里是每个字的下半部
19      {
20      0x80,0x80,0x80,0xFC,0x04,0x48,0x40,0x40,
21      0x40,0x40,0xA0,0xA0,0x10,0x08,0x0E,0x04,
22      0x00,0x84,0x7E,0x44,0x44,0x44,0x44,0xC4,
23      0x44,0x54,0x48,0x40,0x40,0x46,0xFC,0x00,
```

```
24      0x00,0x08,0x0C,0x10,0x20,0x04,0xFE,0x40,
25      0x40,0x40,0x40,0x40,0x42,0x42,0x3E,0x00,
26      0x80,0x80,0x04,0xFE,0x00,0x80,0x60,0x24,
27      0xFE,0x44,0x44,0x44,0x44,0x44,0xFC,0x04,
28          }
29      };
30
31      void delay( )
32      {
33        unsigned int t;
34        for(t=0;t<20;t++);
35      }
36
37      void main( )
38      {
39        unsigned char i,k,m;
40        unsigned int j,t;
41        while(1)
42          {
43          for(k=0;k<16*n;k++)
44            {
45            for(m=0;m<40;m++)
46              {    j=0x80;
47              for(i=0;i<16;i++)
48                {
49                *LEDL1=0;
50                *LEDL2=0;
51                *LEDC1=~j;
52                *LEDC2=~(_iror_(j,0x08));
53                if((t=(int)(i+k))>=16*n)
54                t=(int)(i+k-16*n);
55                *LEDL1=DB1[0][t];
56                *LEDL2=DB1[1][t];
57                j=_iror_(j,0x01);
58                delay();
59                }
60              }
61            }
```

62   }
63   }

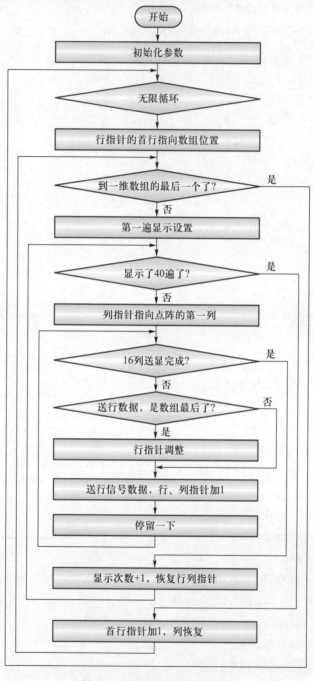

图 9.9   滚动显示程序流程图

程序中：

第 9 行定义二维数组，由于是走马灯显示，需要将图形数据合成一幅图；对于横向走马灯，上 8 行和下 8 行的图不会交叉，所以用二维数组分开（若是竖向走马灯则左半边与右半边数据不会交叉）；

　　第 55 行是取汉字的上半部图形；

　　第 56 行是取汉字的下半部图形；

　　相关程序可以参看第 2.4.5 节。

（5）调试与说明

　　通过取模软件，分别提取"欢迎光临"的段码，如图 9.10～图 9.13 所示。

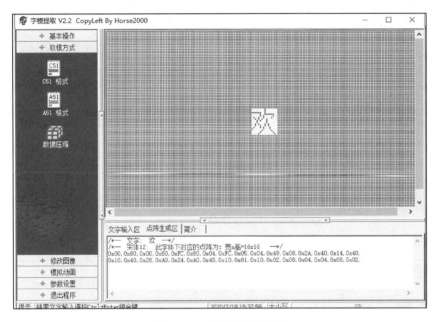

图 9.10　"欢"取模界面

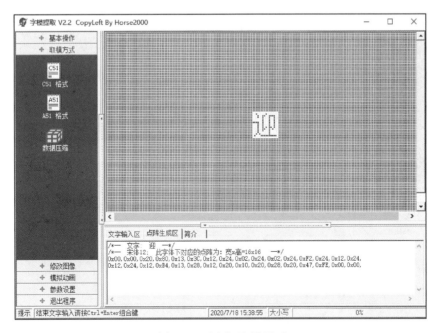

图 9.11　"迎"取模界面

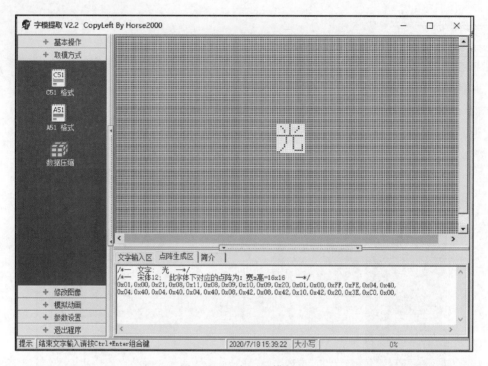

图 9.12 "光"取模界面

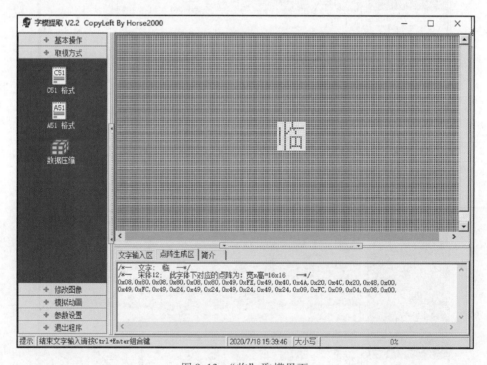

图 9.13 "临"取模界面

由于程序编写的算法中字符的扫描是通过两个行扫描来实现的，因此对于图中点阵生成区生成段码需要整理后，再填写到程序中的数组中。举例来说，"欢"取模后生成的段码为：0x00，0x80，0x00，0x80，0xFC，0x80，0x04，0xFC，0x05，0x04，0x49，0x08，0x2A，0x40，

0x14, 0x40, 0x10, 0x40, 0x28, 0xA0, 0x24, 0xA0, 0x45, 0x10, 0x81, 0x10, 0x02, 0x08, 0x04, 0x04, 0x08, 0x02 总共 32 个，将 32 个中序号为 1、3、5、…、31 的数填写在 DB1[0][0~15] 中，而将 2、4、6、…、32 的数填写在 DB1[1][0~15] 相应位置，以此类推最后得到数组 DB1。

（6）思考

如果显示闪烁，请问是什么原因引起的？如何改进？

9.3　A/D 与 D/A 监测控制系统

（1）功能描述

通过 A/D 转换器读取两个电位器的电压值，控制 D/A 转换器输出波形的幅度与频率，波形的选择是通过按键控制。目的是掌握 D/A 波形的参数控制方法。

（2）仿真电路

A/D 与 D/A 监测检测控制系统仿真电路如图 9.14 所示。

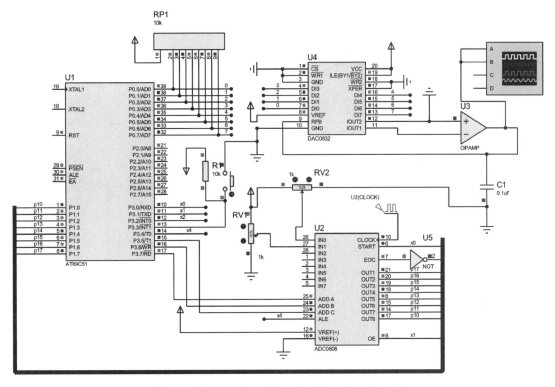

图 9.14　A/D 与 D/A 监测检测控制系统仿真电路

（3）实现思路

电位器的电压经过 A/D 转换送给单片机，单片机再根据按键对波形的选择，去控制 D/A 输出波形的幅度与频率。

（4）程序分析

程序组成有：延时函数 delay( )、函数 bo( )、ad_int( ) 函数和主函数 main( )。函数

bo( )主要是利用外部中断INT1实现波形参数选择；ad_int( )函数是利用外部中断INT0完成模数转换，读取电位器的电压值，两路电位器分别对应波形的幅值和周期参数；主函数main( )则是根据波形参数控制 D/A 转换器，输出相应幅度、相应频率的波形。

主函数 main( )流程图如图 9.15 所示。

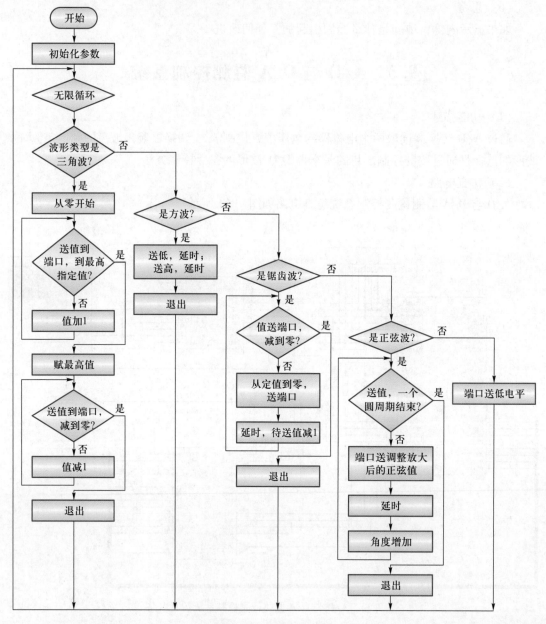

图 9.15　主函数流程图

```
1        #include <reg51. h>
2        #include<math. h>            //使用正弦函数
3        #define uchar unsigned char
4        sbit ADDA = P3^7;
```

```
5      sbit ADDB = P3^6;
6      sbit ADDC = P3^5;          //定义地址端
7      sbit START = P3^0;
8      sbit OE = P3^1;
9      sbit EOC = P3^2;           //定义控制端
10     sbit ALE = P3^4;
11     uchar biao = 0;
12     uchar x = 100,y = 100;     //x 周期,y 幅度
13
14     void delay(uchar m)        //延时程序
15     {
16       while(--m! = 0);
17     }
18
19     void bo() interrupt 2       //波形选择按键,中断处理
20     {                           //0—三角波,1—方波,2—锯齿波,3—正弦波
21       if(++biao = = 4) biao = 0;
22     }
23
24     void main()
25     {
26       uchar i = 0;
27       float j = 0.0;
28       TCON = 0x05; IE = 0x85;              //开启外部中断,下降沿触发
29       ADDA = 0; ADDB = 0; ADDC = 0;        //选择 ADC0809 转换通道 3
30       ALE = 0; ALE = 1;   ALE = 0;         //将地址打入 ADC0809
31       START = 0;   START = 1;START = 0;    //启动 A/D 转换
32       while(1)                             //无限循环
33         {
34           switch(biao)
35             {
36           case 0:for(i = 0;i<y;i++)         //三角波 for(i = 0;i<y;i = i+x/80)
37                 P0 = i;
38                 for(i = y;i>0;i--)           //for(i = y;i>0;i = i-x/80)
39                 P0 = i;
40                 break;
41           case 1:P0 = 0;                    //方波
42                 delay(x);
```

```
43                 P0=y;
44                 delay(x);
45                 break;
46          case 2: for(i=y;i>0;i--)              //锯齿波
47                 P0=i;
48                 break;
49          case 3:for(j=0;j<6.28;j+=0.02) //正弦波
50                 {
51                 P0=(1+sin(j))*(y/2);
52                 for(i=0;i<50;i++)
53                 delay(x);
54                 }
55              break;
56        default: P0=0;                         //无输出
57            }
58        }
59     }
60
61     void ad_int( ) interrupt 0          //A/D 转换
62     {
63        OE=1;
64        if(ADDA) y=P1;                   //读使能,将转换后数据从 P1 口读入单片机
65        else x=P1;
66        ADDA=~ADDA;                      //选择 ADC0809 转换通道 1
67        ALE=0;   ALE=1;   ALE=0;   //将地址打入 ADC0809
68        START=0;   START=1;   START=0;
69     }
```

程序中:

第 12 行表明 x 是与波形的周期有关、y 与波形的幅度有关;

第 36 行改变三角波的幅度,本案例没有去改三角波的周期,大家可以考虑用什么方式可以改动,或加延时观看效果;

第 42 行改变方波周期、第 43 行改变方波幅度;

第 46 行改变锯齿波幅度,同理三角波,没有改变周期,大家可以自己试试编程改变;

第 51 行改变正弦波幅度、第 52 行和 53 行改变正弦波周期;

第 64 行从 ADC0808 的 1 号通道读入电位器的电压值,对应幅度参数;

第 65 行从 ADC0808 的 0 号通道读入电位器的电压值,对应周期参数;

相关程序可参看第 7.1.3 节和 7.2.3 节。

附录

附录 A Keil 51 开发系统基本知识

1. Keil 主窗口

Keil 软件在主窗口中提供了多个子窗口，主要包括输出窗口（Output Window）、观察窗口（Watch&Call Statck Window）、存储器窗口（Memory Window）、反汇编窗口（Dissambly Window）、串行窗口（Serial Window）等，如附图 A.1 所示。

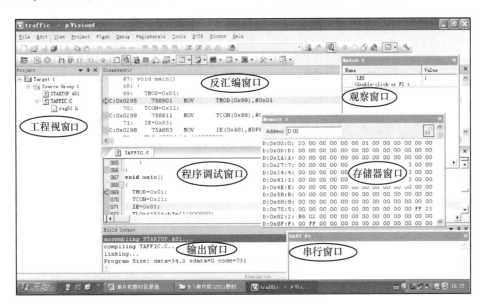

附图 A.1 Keil 主窗口

2. 新建项目步骤

新建项目步骤如附图 A.2 所示。

1. 新建工程
在 Project 菜单下选 New Project。

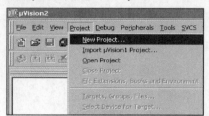

2. 输入新建工程文件名 test
* 不要改变后缀名

3. 选择厂商和单片机型号
通常选 Atmel 和 AT89C51。

4. 新建 C 文件
图中：1 是新建文件的快捷按钮；在 2 中出现一个新的文字编辑窗口，在该窗口中输入 C 程序；3 是存盘的快捷按钮，保存的文件后缀名为西文状态下 ".c"。

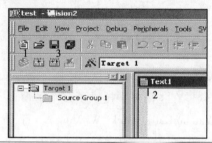

5. 将新建的文件加入工程中

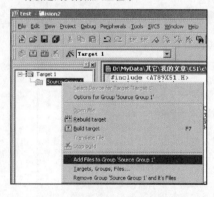

6. 程序调试
图中：1 是编译单个文件；2 是编译当前项目；3 是工程全部文件重新编译，在 3 右边的是停止编译按钮；4 是信息窗口；5 包含了 1、2、3；6 是工程。

7. 程序调试观察
图中：1 是程序全速运行；2 是程序停止运行；3 是程序复位；4 是串口调试窗选择键；5 是串口输出窗。

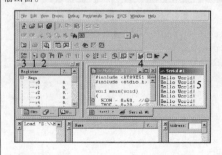

8. 软件与硬件联调设置
单击 Project 菜单下 Options for Target 选项或者单击工具栏的 option for target 按钮，弹出窗口，单击 Debug 按钮，出现如下图所示页面，选择驱动方式。

若与 Proteus 联调，则选择 USE，Proteus VSM Simulator 及 run to main( )

9. Proteus 联调设置	10. 调试
在 Proteus 中选择"调试"及"使用远程调试监控"	鼠标左键单击菜单 Debug，选中 Start，如下图所示，便可实现 Keil C 与硬件连接单步、全速、断点的调试。

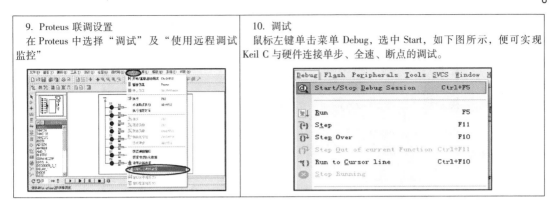

附图 A.2　新建项目步骤图

3. 工程系统设置

Target 设置窗口如附图 A.3 所示。Memory Model 存储模式决定了没有明确指定存储类型的变量、函数参数等的默认存储区域，共三种。

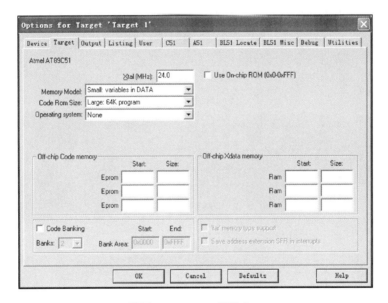

附图 A.3　Target 设置窗口

① Small 模式：所有默认变量参数均装入内部 RAM，优点是访问速度快，缺点是空间有限，只适用于小程序。

② Compact 模式：所有默认变量均位于外部 RAM 区的一页（256 Bytes），具体哪一页可由 P2 口指定，在 STARTUP.A51 文件中说明，也可用 pdata 指定，优点是空间较 Small 宽裕，速度较 Small 慢、较 Large 要快，是一种中间状态。

③ Large 模式：所有默认变量可放在多达 64 KB 的外部 RAM 区，优点是空间大，可存变量多，缺点是速度较慢。

Output 设置界面如附图 A.4 所示。在 Name of Executable 窗口中输入执行文件名，默认名与创建的工程名一致。选中"Create HEX File"复选框，编译链接后就会生成 .HEX

可执行文件，将文件下载到单片机芯片内，就可运行程序，完成功能调试或设计了。

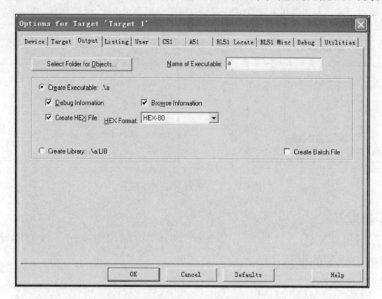

附图 A.4　Output 设置界面

附录 B　Proteus 仿真系统基本知识

Proteus 软件是英国 Labcenter Electronics 公司推出的 EDA 工具软件。它不仅具有其他 EDA 工具软件的仿真功能，还能仿真单片机及外围器件。

Proteus 从原理图布图、代码调试到单片机与外围电路协同仿真，可实现从概念到产品的设计。其处理器模型支持 8051、PIC、AVR、ARM、8086 和 MSP430 等；在编译方面，它也支持 Keil 等多种编译器。

1. Proteus 操作步骤

Proteus 操作步骤如附图 B.1 所示。

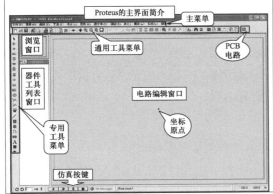

1. 新建设计
运行 ISIS 程序后，进入该仿真软件的主界面。

2. 放置元件
按照图中 1、2、3 步骤选择元器件。

3. 元器件输入
根据图中 1、2 操作，可以看见在窗口 3 中出现所选元器件。

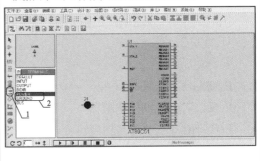

4. 放置电源及地
根据图中 1、2 操作，选择放置电源和地。

5. 修改元器件属性
双击元器件，在"编辑元件"对话框中修改。

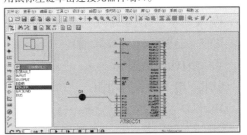

6. 连接元器件
用鼠标左键单击连接元器件端口。

<table>
<tr>
<td>

7. 加入程序文件

根据图中1、2、3操作，选择执行程序。

</td>
<td>

8. 调试、观察

运行"开始"按钮，观察电路运行。

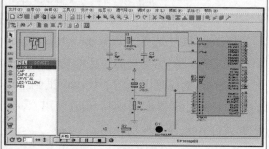

</td>
</tr>
</table>

附图 B.1　Proteus 操作步骤图

2. Proteus 常用元器件

7SEG-COM-CAT-　共阴极数码管

7SEG-COM-AN-　共阳极数码管

7SEG-MPX4-CC　4 位一体共阴 7 段数码管显示器

7SEG-MPX8-CC　8 位一体共阴 7 段数码管显示器

7SEG-MPX4-CA　4 位一体共阳 7 段数码管显示器

7SEG-MPX8-CA　8 位一体共阳 7 段数码管显示器

MATRIX?　点阵发光管

LAMP　灯泡

LED-　发光二极管

LED-BI?　双色发光管（self-flashing）

OPTOCOUPLER?　光电隔离

TORCH_LDR　光敏传感器

HCNR 200　高速线性逻辑光耦

TRAFFIC　交通灯

Resistors　电阻

POT　三引线可变电阻器

POT-HG　三引线高精度可变电阻器

POWER　电源

RES　电阻

RESISTOR　电阻器

RESPACK?　电阻排（有公共端）

RX8　电阻排（无公共端）

VARISTOR　变阻器

CCR　电流控线性电阻

MCP41×××　数字电位器

Capacitors　电容

CAP　电容

CAP-PRE　可预置电容

CAP- POL　有极性电容

CAP-VAR　可调电容

Cap-ELEC　电解电容

Inductors　电感

INDUCTOR　电感

INDUCTOR IRON　带铁心电感

Diode　二极管

DIODE　二极管

DIODE SCHOTTKY　稳压二极管

DIODE VARACTOR　变容二极管

ZENER？　齐纳二极管

GBPC800　整流桥堆

DF005M　整流桥堆

Switches & Relays　开关，继电器，键盘

SW-？　开关

BUTTON　按键

SWITCH　按钮，手动按一下一个状态

KEYPAD　矩阵键盘

G5Q-？　直流继电器

Switching Devices　晶闸管

TRIAC？　三端双向晶闸管

Transistors　晶体管（三极管，场效应管）

JFET N　N 沟道场效应管

JFET P　P 沟道场效应管

NPN　NPN 型三极管

PNP　PNP 型三极管

NPN DAR　NPN 型三极管

PNP DAR　PNP 型三极管

SCR　晶闸管

MOSFET　MOS 管

Analog Ics　模拟电路集成芯片

OPAMP　运放

Electromechanical　电机

MOTOR AC　交流电机

MOTOR DC　直流电机

MOTOR SERVO　伺服电机

ALTERNATOR　交流发电机

MOTOR　电动机

TTL 74 Series

74LS00　与非门

74LS04　非门

74LS08　与门

74LS390 TTL 型双十进制计数器

Connectors　排座，排插

SOCKET?　插座

CONN　插口

Simulator Primitives　常用的器件

AND　与门

OR　或门

NAND　与非门

NOR　或非门

NOT　非门

TRIODE?　三极真空管

BATTERY　直流电源

SOURCE CURRENT　电流源

SOURCE VOLTAGE　电压源

SHT?　温湿度传感器

AMMETER　电流表

VOLTMETER　电压表

BUS　总线

Memory ICs　存储器芯片

AT24C02

Microprocessor ICs　微处理器

MEGA16

AT89C51

MSP430

Miscellaneous　各种器件

AERIAL　天线

METER　仪表

CELL　电池

BATTERY　电池/电池组

FUSE　保险丝

POWER　电源

GROUND　地

CRYSTAL　晶振

BUZZER　蜂鸣器

SPEAKER　扬声器（模拟）

SOUNDER　扬声器（数字）

Debugging Tools　调试工具

LOGIC ANALYSER　逻辑分析器

OSCILLOSCOPE　示波器

COUNTER TIMER　计数器

SPI DEBUGGER　SPI 协议调试器

I2C DEBUGGER　I^2C 协议调试器

VIRTUAL TERMINAL　虚拟终端

SIGNAL GENERATOR　信号发生器

3. Proteus 原理图元器件库

Device. lib　包括电阻、电容、二极管、三极管和 PCB 的连接器符号

ACTIVE. LIB　包括虚拟仪器和有源器件

DIODE. LIB　包括二极管和整流桥

DISPLAY. LIB　包括 LCD、LED

BIPOLAR. LIB　包括三极管

FET. LIB　包括场效应管

ASIMMDLS. LIB　包括模拟元器件

VALVES. LIB　包括电子管

ANALOG. LIB　包括电源调节器、运放和数据采样 IC

CAPACITORS. LIB　包括电容

COMS. LIB　包括 4000 系列

ECL. LIB　包括 ECL10000 系列

MICRO. LIB　包括通用微处理器

OPAMP. LIB　包括运算放大器

RESISTORS. LIB　包括电阻

FAIRCHLD. LIB　包括 FAIRCHLD 半导体公司的分立器件

LINTEC. LIB　包括 LINTEC 公司的运算放大器

NATDAC. LIB　包括国家半导体公司的数字采样器件

NATOA. LIB　包括国家半导体公司的运算放大器

TECOOR. LIB　包括 TECOOR 公司的 SCR 和 TRIAC

TEXOAC. LIB　包括德州仪器公司的运算放大器和比较器

ZETEX. LIB　包括 ZETEX 公司的分立器件

附录 C 美国标准信息交换标准码

美国标准信息交换标准码是由美国国家标准学会（ANSI，american national standard institute）制定的，标准的单字节字符编码方案，用于基于文本的数据。起始于 20 世纪 50 年代后期，在 1967 年定案。它最初是美国国家标准，供不同计算机在相互通信时用作共同遵守的西文字符编码标准，后被国际标准化组织（ISO，international organization for standardization）定为国际标准，称为 ISO 646 标准，适用于所有拉丁文字字母。

ASCII 码使用指定的 7 位或 8 位二进制数组合来表示 128 或 256 种可能的字符。标准 ASCII 码也称基础 ASCII 码，使用 7 位二进制数来表示所有的大写和小写字母，数字 0~9、标点符号，以及在美式英语中使用的特殊控制字符。

其中：0~32 及 127（共 34 个）是控制字符或通信专用字符（其余为可显示字符），如控制符：LF（换行）、CR（回车）、FF（换页）、DEL（删除）、BS（退格）、BEL（振铃）等；通信专用字符：SOH（文头）、EOT（文尾）、ACK（确认）等；ASCII 值为 8、9、10 和 13 分别转换为退格、制表、换行和回车字符。它们并没有特定的图形显示，但会依不同的应用程序，而对文本显示有不同的影响。

33~126（共 94 个）是字符，其中 48~57 为 0 到 9 十个阿拉伯数字；65~90 为 26 个大写英文字母，97~122 号为 26 个小写英文字母，其余为一些标点符号、运算符号等。

同时还要注意，在标准 ASCII 码中，其最高位（b7）用作奇偶校验位。所谓奇偶校验，是指在代码传送过程中用来检验是否出现错误的一种方法，一般分奇校验和偶校验两种。奇校验规定：正确的代码一个字节中 1 的个数必须是奇数，若非奇数，则在最高位 b7 添 1；偶校验规定：正确的代码一个字节中 1 的个数必须是偶数，若非偶数，则在最高位 b7 添 1。

后 128 个称为扩展 ASCII 码，目前许多基于 x86 的系统都支持使用扩展（或"高"）ASCII。扩展 ASCII 码允许将每个字符的第 8 位用于确定附加的 128 个特殊符号字符、外来语字母和图形符号。

以下为标准 ASCII 表：

Bin	Dec	Hex	缩写/字符	解释
0000 0000	0	00	NUL(null)	空字符
0000 0001	1	01	SOH(start of handing)	标题开始
0000 0010	2	02	STX(start of text)	正文开始
0000 0011	3	03	ETX(end of text)	正文结束
0000 0100	4	04	EOT(end of transmission)	传输结束
0000 0101	5	05	ENQ(enquiry)	请求
0000 0110	6	06	ACK(acknowledge)	收到通知
0000 0111	7	07	BEL(bell)	响铃
0000 1000	8	08	BS(backspace)	退格

0000 1001	9	09	HT(horizontal tab)	水平制表符
0000 1010	10	0A	LF(NL line feed,new line)	换行
0000 1011	11	0B	VT(vertical tab)	垂直制表符
0000 1100	12	0C	FF(NP form feed,new page)	换页
0000 1101	13	0D	CR(carriage return)	回车
0000 1110	14	0E	SO(shift out)	不用切换
0000 1111	15	0F	SI(shift in)	启用切换
0001 0000	16	10	DLE(data link escape)	数据链路转义
0001 0001	17	11	DC1(device control 1)	设备控制1
0001 0010	18	12	DC2(device control 2)	设备控制2
0001 0011	19	13	DC3(device control 3)	设备控制3
0001 0100	20	14	DC4(device control 4)	设备控制4
0001 0101	21	15	NAK(negative acknowledge)	拒绝接收
0001 0110	22	16	SYN(synchronous idle)	同步空闲
0001 0111	23	17	ETB(end of trans. block)	传输块结束
0001 1000	24	18	CAN(cancel)	取消
0001 1001	25	19	EM(end of medium)	介质中断
0001 1010	26	1A	SUB(substitute)	替补
0001 1011	27	1B	ESC(escape)	溢出
0001 1100	28	1C	FS(file separator)	文件分割符
0001 1101	29	1D	GS(group separator)	分组符
0001 1110	30	1E	RS(record separator)	记录分离符
0001 1111	31	1F	US(unit separator)	单元分隔符
0010 0000	32	20	空格	
0010 0001	33	21	!	
0010 0010	34	22	"	
0010 0011	35	23	#	
0010 0100	36	24	$	
0010 0101	37	25	%	
0010 0110	38	26	&	
0010 0111	39	27	'	
0010 1000	40	28	(	
0010 1001	41	29	)	
0010 1010	42	2A	*	
0010 1011	43	2B	+	
0010 1100	44	2C	,	
0010 1101	45	2D	–	
0010 1110	46	2E	.	

0010 1111	47	2F	/
0011 0000	48	30	0
0011 0001	49	31	1
0011 0010	50	32	2
0011 0011	51	33	3
0011 0100	52	34	4
0011 0101	53	35	5
0011 0110	54	36	6
0011 0111	55	37	7
0011 1000	56	38	8
0011 1001	57	39	9
0011 1010	58	3A	:
0011 1011	59	3B	;
0011 1100	60	3C	<
0011 1101	61	3D	=
0011 1110	62	3E	>
0011 1111	63	3F	?
0100 0000	64	40	@
0100 0001	65	41	A
0100 0010	66	42	B
0100 0011	67	43	C
0100 0100	68	44	D
0100 0101	69	45	E
0100 0110	70	46	F
0100 0111	71	47	G
0100 1000	72	48	H
0100 1001	73	49	I
0100 1010	74	4A	J
0100 1011	75	4B	K
0100 1100	76	4C	L
0100 1101	77	4D	M
0100 1110	78	4E	N
0100 1111	79	4F	O
0101 0000	80	50	P
0101 0001	81	51	Q
0101 0010	82	52	R
0101 0011	83	53	S
0101 0100	84	54	T

0101 0101	85	55	U
0101 0110	86	56	V
0101 0111	87	57	W
0101 1000	88	58	X
0101 1001	89	59	Y
0101 1010	90	5A	Z
0101 1011	91	5B	[
0101 1100	92	5C	\
0101 1101	93	5D	]
0101 1110	94	5E	^
0101 1111	95	5F	_
0110 0000	96	60	`
0110 0001	97	61	a
0110 0010	98	62	b
0110 0011	99	63	c
0110 0100	100	64	d
0110 0101	101	65	e
0110 0110	102	66	f
0110 0111	103	67	g
0110 1000	104	68	h
0110 1001	105	69	i
0110 1010	106	6A	j
0110 1011	107	6B	k
0110 1100	108	6C	l
0110 1101	109	6D	m
0110 1110	110	6E	n
0110 1111	111	6F	o
0111 0000	112	70	p
0111 0001	113	71	q
0111 0010	114	72	r
0111 0011	115	73	s
0111 0100	116	74	t
0111 0101	117	75	u
0111 0110	118	76	v
0111 0111	119	77	w
0111 1000	120	78	x

0111 1001	121	79	y
0111 1010	122	7A	z
0111 1011	123	7B	{
0111 1100	124	7C	|
0111 1101	125	7D	}
0111 1110	126	7E	~
0111 1111	127	7F	DEL(delete)

附录 D　冯·诺依曼结构与哈佛结构

1. 冯·诺依曼结构

1945 年，冯·诺依曼首先提出了"存储程序"的概念和二进制原理，后来，人们把利用这种概念和原理设计的电子计算机统称为"冯·诺依曼型结构"计算机。冯·诺依曼结构的处理器使用同一个存储器（程序处理器和数据处理器），经由同一个总线传输，如附图 D.1 所示。

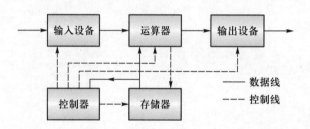

附图 D.1　冯·诺依曼结构

冯·诺依曼结构处理器具有以下几个特点：

- 必须有一个存储器；
- 必须有一个控制器；
- 必须有一个运算器，用于完成算术运算和逻辑运算；
- 必须有输入和输出设备，用于进行人机通信。

冯·诺依曼的主要贡献就是提出并实现了"存储程序"的概念。由于指令和数据都是二进制码，指令和操作数的地址又密切相关，因此，当初选择这种结构是自然的。但是，这种指令和数据共享同一总线的结构，使得信息流的传输成为限制计算机性能的瓶颈，影响了数据处理速度的提高。

在典型情况下，完成一条指令需要 3 个步骤，即：取指令、指令译码和执行指令。从指令流的定时关系也可看出冯·诺依曼结构与哈佛结构处理方式的差别。举一个最简单的对存储器进行读写操作的指令，如附图 D.2 所示，指令 1 至指令 3 均为存、取指令，对冯·诺依曼结构处理器，由于取指令和存取数据要从同一个存储空间存取，经由同一总线传输，因而它们无法重叠执行，只有一个完成后再进行下一个。

附图 D.2　冯·诺依曼结构处理器指令流的定时关系示意图

2. 哈佛结构

数字信号处理一般需要较大的运算量和较高的运算速度，为了提高数据吞吐量，在数字信号处理器中大多采用哈佛结构，如附图 D.3 所示。

与冯·诺依曼结构处理器相比，哈佛结构处理器有两个明显的特点：

① 使用两个独立的存储器模块，分别存储指令和数据，每个存储模块都不允许指令和数据并存。

② 使用独立的两条总线，分别作为 CPU 与每个存储器之间的专用通信路径，而这两条总线之间毫无关联。

后来，又提出了改进的哈佛结构，如附图 D.4 所示。

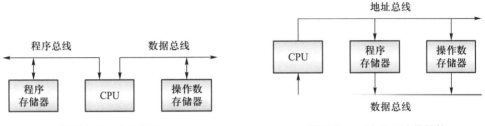

附图 D.3　哈佛结构　　　　　　　　　　　附图 D.4　改进型哈佛结构

其结构特点为：使用两个独立的存储器模块，分别存储指令和数据，每个存储模块都不允许指令和数据并存，以便实现并行处理；具有一条独立的地址总线和一条独立的数据总线，利用公用地址总线访问两个存储模块（程序存储模块和数据存储模块），公用数据总线则被用来完成程序存储模块或数据存储模块与 CPU 之间的数据传输；两条总线由程序存储器和数据存储器分时共用。

如果采用哈佛结构处理以上同样的 3 条存、取指令，如附图 D.5 所示，由于取指令和存取数据分别经由不同的存储空间和不同的总线，使得各条指令可以重叠执行，这样，也就克服了数据流传输的瓶颈，提高了运算速度。哈佛结构强调了总的系统速度以及通信和处理器配置方面的灵活性。

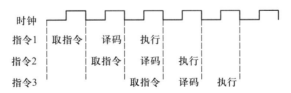

附图 D.5　哈佛结构处理器指令流的定时关系示意图

总的来说，哈佛结构的高性能体现在单片机、DSP 芯片平台上运行的程序种类和花样较少，因为各个电子娱乐产品中的软件升级比较少，应用程序可以用汇编作为内核，最高效率地利用流水线技术，获得最高的效率。

冯·诺依曼结构主要是基于计算机购买者对计算机的使用途径不同——各种娱乐型用户、各种专业开发用户等，且安装的软件种类繁多，升级频繁，多种软件同时运行时处理的优先级比较模糊，英特尔芯片不具备彻底智能分配各程序优先级和流水线的机制，机械的分配优先和流水线反而容易使用户不便。提高主频和缓存的冯·诺依曼结构是 PC 的最佳选择。

总之，体系结构与采用的总线是否独立无关，与指令空间和数据空间的分开独立与否有关。51 单片机虽然数据指令存储区是分开的，但总线是分时复用的，所以属于改进型的哈佛结构。ARM9 虽然是哈佛结构，但是之前的版本（例如 ARM7）也还是冯·诺依曼结构。早期的 X86 能迅速占领市场，一条很重要的原因，正是靠了冯·诺依曼这种实现简单、成本低的总线结构。现在的处理器虽然外部总线上看是冯·诺依曼结构的，但是由于内部 CACHE 的存在，实际上已经类似改进型哈佛结构了。至于优缺点，哈佛结构就是复杂，对外围设备的连接与处理要求高，十分不适合外围存储器的扩展。所以早期通用 CPU 难以采用这种结构。而单片机由于内部集成了所需的存储器，所以采用哈佛结构也未尝不可。现在的处理器，依托 CACHE 的存在，已经很好地将二者统一起来了。

参考文献

［1］马忠梅，等. 单片机的 C 语言应用程序设计 ［M］. 6 版. 北京：北京航空航天大学出版社，2017.

［2］周坚. 单片机 C 语言轻松入门 ［M］. 3 版. 北京：北京航空航天大学出版社，2017.

［3］朱永金，等. 单片机应用技术（C 语言）［M］. 2 版. 北京：中国劳动社会保障出版社，2014.

［4］张毅刚. 单片机原理与应用设计 ［M］. 3 版. 北京：电子工业出版社，2020.

［5］张鑫. 单片机原理及应用 ［M］. 4 版. 北京：电子工业出版社，2019.

［6］俞国亮. MCS-51 单片机原理与应用 ［M］. 北京：清华大学出版社，2008.

［7］梁炳东. 单片机原理与应用 ［M］. 北京：人民邮电出版社，2009.